U0247842

中国主要产油区土壤石油污染及其毒性评估

黄 艺 汪 杰 陈惠苑 廖静秋 黄木柯 著

科学出版社

北京

内 容 简 介

本书以环境部公益性科研专项项目"石油污染土壤生态毒性微生物传感快速检测技术与方法研究"的研究结果为基础，全面介绍了微生物传感快速检测技术的研发过程，以及毒性评估分级的确定方法。本书重点关注中国采油区土壤中的石油污染，以产油量占全国百分之八十的大庆油田，华北地区的华北油田，环渤海地区的胜利油田，中部地区的汉江油田和西北地区的克拉玛依油田为重点研究区，在研究这些区域土壤理化性质的基础上，研究了中国采油区土壤石油污染状态及其生态毒性。全面介绍了微生物传感快速检测技术和生态毒性评估标准。并在呈现了采用该技术的中国采油区污染土壤生态毒性评估结果。

本书可供环境科学和环境监测领域的学者和研究生阅读。以及采油区生态环境保护部门的管理者阅读，为政策策略和管理措施制定和实施的科学基础。

图书在版编目（CIP）数据

中国主要产油区土壤石油污染及其毒性评估 / 黄艺等著. —北京：科学出版社，2018.6
　ISBN　978-7-03-057977-5

　Ⅰ. ①中…　Ⅱ. ①黄…　Ⅲ. ①土壤污染–石油污染–毒性–评估–中国
Ⅳ. ①X530.2

　中国版本图书馆 CIP 数据核字（2018）第 131395 号

责任编辑：刘　超 / 责任校对：彭　涛
责任印制：张　伟 / 封面设计：无极书装

*科学出版社*出版

北京东黄城根北街 16 号
邮政编码：100717
http://www.sciencep.com

北京建宏印刷有限公司 印刷
科学出版社发行　各地新华书店经销

*

2018 年 6 月第 一 版　开本：720×1000　B5
2018 年 6 月第一次印刷　印张：7 1/2
字数：150 000

定价：88.00 元
（如有印装质量问题，我社负责调换）

前　言

石油是现代社会的血液，是人类生产和生活必不可少的能源和物质基础。从 1900 年开始，全球各地区石油的生产量和消费量呈持续增加的趋势，到 2015 年全球石油生产量达到 43.6 亿 t，消费量约为 40 亿 t。其中，中国生产了 21.46 亿 t 石油，约占全球总石油生产量的 49%；消费了全球 41% 的石油。石油是古代海洋或湖泊中的生物经过漫长的演化而形成，以含碳有机物为主的复杂混合物。在石油开采、炼制、储运和消费过程中，大量原油及其组分和中间产物，经不同途径进入环境，进而通过呼吸、皮肤接触、饮食摄入等方式进入人体，成为危害人类健康的重要威胁之一。土壤既是石油污染物的源，也是石油污染物的汇。管理土壤中总石油烃的含量，对于控制石油污染物进入水体和大气，防治其对人体健康的影响尤为重要。

然而，在制度层面，土壤中总石油烃的含量并没有列入我国《土壤环境质量标准》（GB 15618—1995）中。其原因之一是石油污染为多种物质的混合污染，毒理复杂，生物毒性不易评价。尤其是土壤中的石油污染因土壤环境异质性高，导致其毒性评价更不易。因此，为了解决中国土壤石油污染毒性评价的问题，本书以环境保护部公益性行业科研专项项目"石油污染土壤生态毒性微生物传感快速检测技术与方法研究"为基础，在理论上阐述基于发光细菌的土壤石油污染微生物检测方法，并在对我国采油区土壤的石油污染现状进行调查的基础上，采用自主开发的微生物检测方法，对我国采油区土壤的生物毒性进行评价实践。

本书共分 6 章。第 1 章石油和石油污染，对全球石油的生产消费及污染现状进行综述。第 2 章中国采油区概述，介绍了中国主要石油产区的污染趋势，并确立了中国石油产区土壤污染状况及生态毒性的研究方案。第 3 章中国主要产油区石油污染土壤理化特征，阐述了石油污染对土壤理化性质的影响。第 4 章中国石油产区污染土壤微生物特征，阐述了石油污染对土壤微生物群落的影响。第 5 章石油污染土壤生态毒性检测方法研究。第 6 章石油污染土壤生态毒性评估标准研究及应用。本书所依托的课题研究持续 5 年，在此过程中，北京大学环境科学与工程学院生态过程和微生物技术研究组的所有学生，曹晓峰、柴立伟、刘艳秋、赵嫣然、张梦君等，都或多或少地参与了研究工作。本书的第 1～4 章由廖静秋、汪杰、黄木柯和黄艺撰稿，第 5、6 章由陈惠苑和黄艺撰稿。全书由黄艺定稿。

本书的写作与出版受环境保护部公益性行业科研专项经费项目（20130934）的资助。在此，谨向参与本书研究工作的所有专家学者、技术人员、研究生以及给予本书研究工作帮助、指导的单位和个人表示诚挚的谢意！

由于作者水平、能力有限，不足之处在所难免，敬请各位专家和读者批评指正。

黄 艺

2018 年 1 月 24 日

目 录

|第1章| 石油和石油污染

　　石油是现代生产和生活必不可少的能源和物质基础，它不仅为交通运输提供能源，还为许多工业生产提供基本原料。按其功能，石油产品可分为四类，90%的石油产品为燃料。石油被提炼为汽油、煤油、柴油等，流动在生产和生活中，成为驱动现代社会的血液。在美国，30%的能源由石油提供，这一比例在英国达到50%，在尼日利亚甚至高达90%（OPEC，1996；OSE，2000）。5%左右的石油被加工为润滑油和润滑脂、蜡及其制品、沥青和石油焦等石油化工产品。石油工业是国家综合国力的重要组成部分，石油的安全供应不仅关系到人们的正常生活，也关系到一个国家的经济发展和社会稳定。

　　《博物志》称"酒泉延寿县南山出泉水，大如筥，注地为沟。水有肥如肉汁，取著器中，始黄后黑，如凝膏，然极明，与膏无异。膏车及水碓缸甚佳，彼方人谓之石漆"。早在公元4世纪，中国人就使用竹竿钻井获取石油，并以之为燃料制盐。到1852年，波兰人依格纳茨·卢卡西维茨（Ignacy Ukasiewicz）发明了从石油中提取煤油的方法。1853年波兰开辟了第一座现代油矿，1861年第一座炼油厂在巴库建立，从此开启了现代石油工业的历史。19世纪80年代之后，世界石油生产在波动中缓慢发展，20世纪初全世界开始了大规模石油开采。截至2014年已发现并开发油田共约41 000个，气田约为26 000个，总石油储量为1368.7亿t，主要分布在160个大型盆地中。全世界可采储量超过6.85亿t的超巨型油田有42个，巨型油田（可采储量大于0.685亿t）有328个。

　　世界石油分布极不平衡，主要集中在中东地区，北美洲分布也较多。世界第一大油田为加瓦尔油田，位于沙特阿拉伯东部，首都利雅得以东约500km处，石油探明储量达107.4亿t，年产量高达2.8亿t，年产量占整个波斯湾地区的30%。在世界石油探明储量方面，中东地区一直处于主导地位，虽然从1991年开始储量比例有所下降，但2011年仍占世界石油探明储量的48.1%。2001～2011年，中南美洲的石油探明储量发生较大变化，超过了北美洲跃居第二，占世界石油探明储量的比例达到19.7%（图1-1）。石油输出国组织（Organization of the Petroleum Exporting Countries，OPEC）成员（沙特阿拉伯、伊拉克、伊朗、科威特、阿拉

伯联合酋长国、卡塔尔、利比亚、尼日利亚、阿尔及利亚、安哥拉、厄瓜多尔和
委内瑞拉）控制约全球三分之二的石油贮备，占世界石油蕴藏 78% 以上的石油储
量，并提供 40% 以上的石油消费量。

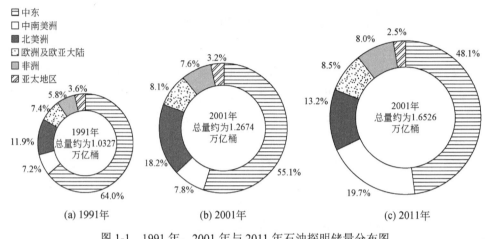

图 1-1　1991 年、2001 年与 2011 年石油探明储量分布图

资料来源：英国石油公司，2012，2013

　　中国既是石油生产大国，又是新兴的石油消费大国。由于经济的迅速发展，
石油对外依存度正在迅速攀升，中国于 2011 年再次成为全球石油消费增长的最大
来源（增长 5.5%，即 50.5 万桶/d，1 桶≈15 898L），中长期消费无下降势头。

1.1　石油的生产和消费趋势

　　全球各地区石油产量一直处于持续增加的趋势，亚太地区和非洲增长尤为明
显（图 1-2）。2011 年世界石油总产量约为 42 亿 t，中东地区产量最大，欧洲及欧
亚大陆次之（英国石油公司，2012）。2011 年全球石油产量的年增长幅度为 1.3%，
即 110 万桶/d。石油产量的净增长几乎全部来自 OPEC。非 OPEC 成员的石油产
量大致保持稳定，美国、加拿大、俄罗斯和哥伦比亚的产量增长弥补了英国和挪
威等老产油区域产量的持续衰减以及其他某些国家所出现的意外停产。2012 年全
球石油生产量仍在提高，较 2011 年提高了约 1%（英国石油公司，2013）。随着陆
上页岩油产量持续强劲增长，2011 年，美国的石油产量达到了 1998 年以来的最
高水平。中国作为世界上石油生产和消费的大国，在 1978 年石油年产量突破 1
亿 t，2012 年达到了 2.05 亿 t。

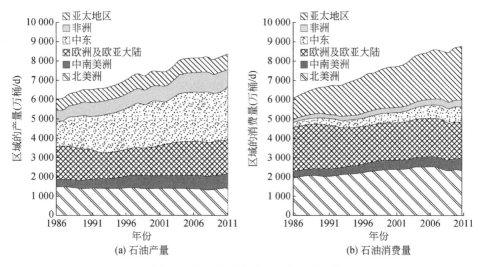

图 1-2　全球分区域石油产量和消费量

1900 年全世界石油消费量约为 2000 万 t，到 2011 年达到了 43.8 亿 t，这些年来石油消费量已增长百余倍（英国石油公司，2012）。石油消费主要在发达国家，约占世界消费总量的 80%，亚太地区自 1986 年以来消费量剧增，到 2011 年已超过北美地区成为第一大石油消费区，这和亚太地区，尤其是中国经济的迅速发展关系密切（图 1-3）。2011 年全球石油消费增长 0.7%，达到 8800 万桶/d，涨幅为 60 万桶/d，低于历史平均水平。这使石油再次成为化石燃料中全球消费涨幅最小的化石能源。经济合作与发展组织（Origanization for Economic Cooperation and Development，OECD）国家的石油消费量减少 1.2%（60 万桶/d），是过去六年中的第五次下滑，下降到 1995 年以来的最低水平。尽管油价居高不下，非 OECD 国家的石油消费量也增长了 2.8%，即 120 万桶/d。同时由于局势动荡，中东和非洲等产油区域的石油消费增幅低于平均水平。

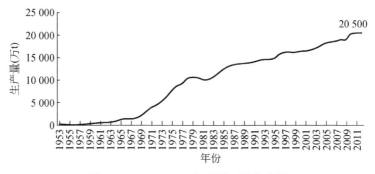

图 1-3　1953～2012 年中国石油生产量

中国石油生产量总体保持上升状态（图 1-3）。1953～1967 年，增长较为平缓，在 1967 年时产量加速提升，并于 1978 年石油生产量突破 1 亿 t，成为世界十大产油国之一。1985 年开始，石油生产量一直保持稳步增长，在 2011 年达到 2.04 亿 t，由世界石油生产国第五位上升到第四位（宋健，2011）。2012 年，石油生产量达到 2.05 亿 t，为史上最大值。作为资源量最充足的油田，大庆油田产量一直位居国内油田产量之首，2006 年至今保持在 4000 万 t 之上。2011 年，大庆油田产量最高，为 4000.04 万 t，较 2006 年产量有所下降，胜利油田次之，长庆油田位列第三，为 2002.01 万 t（萧芦，2012）。根据国土资源部数据，到 2030 年，全国常规石油生产量仍保持在 2 亿 t 以上水平，非常规石油生产量为 3000 万～5000 万 t，总的石油生产量有望超过 2.5 亿 t，将大大增强国内油气的保障能力。

中国石油消费量总体上一直处于不断上升的阶段。1953～1967 年，消费量增加较为平缓；1968 年之后，伴随中国经济社会的发展、人民生活水平的提高，消费量开始显著增加；改革开放以后，我国对石油需求的急剧增加，由 1982 年的 8200 万 t 原油消费量，增加到 2010 年的 4.4 亿 t，涨幅接近 4.4 倍。2007 年世界石油消费总量约为 40 亿 t，其中，中国消费量为 3.88 亿 t，占世界消费总量的 9.7%，到 2012 年，消费量更是达到了 4.9 亿 t（图 1-4）。

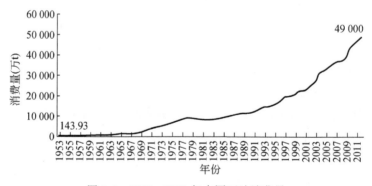

图 1-4　1953～2011 年中国石油消费量

1.2　石油对土壤的污染现状

一般来说，当外来污染物进入土壤就认为发生了"土壤污染"。然而，由于土壤对外来污染物具有较高的吸附-固定能力、化学氧化-还原作用和土壤微生物的分解作用，可以缓冲外来污染物所造成的危害，降低外来污染物进入自然生态系统的风险，只有外来污染物超过其自净作用的负荷才能称为土壤污染。因此，环境保护部给出的土壤污染定义是：当人类生产和生活产生的污染物进入土壤并积累到一定程度，引起土壤环境质量的恶化，进而造成农作物中某些指标超过国家标准的现象，称为土壤污染。当石油污染物进入土壤环境中并超过相关标准后，会引起土壤的石油污染。将这些含有石油烃类污染物的土壤称为石油污染土壤。

全世界平均每年石油总产量约为 40 亿 t，每生产 1t 石油约有 2kg 石油污染物进入环境。因此，全世界每年约有 800 万 t 石油污染物进入环境，而这些污染物最终会通过各种途径进入土壤环境，造成土壤的石油污染。其中泄漏是导致石油污染最主要的途径。2001 年，美国现有的 300 万个地下储油罐中，发生泄漏的约为 50 万个（Kao and Prosser，2001）。英国 30%以上的加油站及几乎所有的化工厂、炼油厂等均存在严重的油类污染。荷兰有记录的石油污染场地高达 10 万多处。我国有数十万公顷的石油开采区和化工区，含油废水任意排放及石油开发过程中的各种事故也造成了非常严重的土壤石油污染（贾建丽等，2009）。

石油开采和使用量的不断攀升，以及对石油污染引起的生态毒害和健康风险的不断认识，使得石油污染问题已成为世界各国普遍关注的问题，已有国家对不断加剧的石油污染进行了法律约束（Fitzmaurice，1978）。

中国同样面临着严峻的石油土壤污染问题。现阶段中国大约有油井 20 万口，部分油田区土壤受石油污染相当严重，油井周围 100m 范围内所采集的绝大多数土样中石油污染物的含量都远高于污染临界值（刘五星等，2006）。据初步统计，我国石油化学行业中，平均每年产生 80 万 t 罐底泥、池底泥（卜淑君，1992）。其中，胜利油田每年产生含油污泥在 10 万 t 以上，大港油田每年产生含油污泥约为 15 万 t，河南油田每年产生 5 万 t 含油污泥（李丹梅等，2003）。在辽河油田的重污染区，土壤原油含量达到 1 万 mg/kg，是 OECD 组织推荐的临界值（200mg/kg）的 50 倍。据调查每口井的落地原油辐射半径为 20～40m，污染土地面积为 200～500m^2，并且因雨水冲刷等原因会导致污染面积不断扩大（王久瑞和佘银玲，2002）。目前中国作为世界上最大的发展中国家以及石油生产和消费大国之一，自 1978 年以来年造成的石油污染土壤近 10 万 t，石油污染土壤面积达 8000 万 m^2，每年还有近 60 万 t 石油污染物进入环境，新污染土壤近 1 亿 t（蔺昕等，2006）。

由于过去数十年间各大油田区采油工艺的相对落后和密闭性不佳，加之环境保护措施、意识和影响评价体系相对落后、污染控制和相应修复技术的缺乏，我国油田区土壤的石油污染程度远高于其他发达国家，土壤的石油污染呈逐年累积加重态势。与国外油田相比，我国的油田开发与城市建设密不可分、相互交错，使油田区土壤污染对周围生态环境、地下水和人体健康的影响显得更为敏感和突出。目前，石油污染土壤严重影响了我国油田区的经济发展和生态环境，成为当地社会、经济和环境可持续发展最主要的制约因素。因此，石油污染土壤的毒性评价和污染土壤的修复，已经成为我国当前环境领域研究的焦点和亟待解决的重大环境问题之一（刘五星等，2001）。

参 考 文 献

卜淑君. 1992. 石油化学工业固体废物治理 [M]. 北京：中国环境科学出版社.

贾建丽，刘莹，李广贺，等. 2009. 油田区土壤石油污染特性及理化性质关系 [J]. 化工学报，（3）：726-732.

李丹梅，王艳霞，余庆中，等. 2003. 含油污泥调剖技术的研究与应用 [J]. 石油钻采工艺，25（3）：74-76.

蔺昕，李培军，台培东，等. 2006. 石油污染土壤植物-微生物修复研究进展 [J]. 生态学杂志，25（01）：93-100.

刘五星，骆永明，滕应，等. 2006. 石油污染土壤的生物修复研究进展 [J]. 土壤，38（5）：634-639.

刘五星，骆永明，王殿玺. 2001. 石油污染场地土壤修复技术及工程化应用 [J]. 环境监测管理与技术，23（3）：47-51.

宋健. 2011. 中国石油产量与消费量的动态分析——兼议石油安全供应 [D]. 中国石油大学硕士学位论文.

王久瑞，佘银玲. 2002. 油田开发区域草原生态环境演变规律及保护恢复对策 [J]. 油气田环境保护，12（2）：36-38.

萧芦. 2012. 2006~2011 年中国原油产量 [J]. 国际石油经济，（4）：101.

英国石油公司. 2013. BP 世界能源统计年鉴 [R]. 北京：BP 中国.

英国石油公司. 2012. BP 世界能源统计年鉴 [R]. 北京：BP 中国.

Fitzmaurice V. 1978. Legal control of pollution from North Sea petroleum development [J]. Marine Pollution Bulletin, 9（6）：153-156.

Kao C M, Prosser J. 2001. Evaluation of natural attenuation rate at a gasoline spill site [J]. Journal of Hazardous Materials, 82（3）：275-289.

OPEC. 1996. OPEC Annual statistical bulletin［R］//Organization of the Petroleum Exporting Countries.

OSE. 2000. Oil & gas and environment facts［EB/OL］. http://www. offshore-environment. com/facts. html.［2015-1-30］

| 第 2 章 | 中国采油区概述

我国到 2012 年已在超过 25 个省（直辖市、自治区）中发现了 400 多个油气田或油气藏，迈入了油气资源的时代。我国油气资源以陆相石油为主，主要存在于大型盆地中的一些"富凹陷"地区内。以油气地质特征和分布规律为基础，结合行政区划、经济地理条件和能源供销规划配置，可将产油区划分为六个大区，即东部（包括东北、华北及江淮地区）、中部（包括陕、甘、宁及川、渝地区）、西部（包括新、青东部及河西走廊—阿拉善地区）、南方、青藏、海域。六大油气区的资源量，由于地质条件和勘探程度的不同，分布不均衡，其中东部石油资源量为 363.4 亿 t，占全国石油资源量的 39.1%，而西部与海域基本相当（247.89 亿 t 与 246.75 亿 t），共占全国资源量的 53.2%。中国十大油田为黑龙江的大庆油田，山东的胜利油田，陕甘宁盆地的长庆油田、渤海油田、延长油田、克拉玛依油田、辽河油田、塔河油田、吉林油田和塔里木油田。其中大庆油田的储量最大，2009年储量为 4000 万 t，胜利油田次之。

2.1 中国主要石油产区概况

东北地区、华北地区、环渤海地区、中部地区和西北地区，提供了中国约 80% 的产油量。本书选择东北地区的大庆油田，华北地区的华北油田，环渤海地区的胜利油田，中部地区的汉江油田和西北地区的克拉玛依油田为重点研究区，研究中国采油区土壤石油污染和生态毒性。

大庆油田是 20 世纪 60 年代至今中国最大的产油区，位于松辽平原中央部分，黑龙江省第二大经济强市、省域副中心城市——大庆市域内，滨洲铁路横贯油田中部。大庆市位于北纬 45° 46′~46° 55′，东经 124° 19′~125° 12′，东与绥化地区相连，南与吉林省隔江（松花江）相望，西部、北部与齐齐哈尔市接壤，总面积为 21 219km²，其中市区面积为 5 107km²，截至 2010 年底市区建成区面积为207km²。大庆油田光照充足，降水偏少，冬长严寒，夏秋凉爽，属于北温带大陆性季风性气候。大庆油田的土壤类型以黑钙土为主，根据腐殖质累积、碳酸钙淋淀和附加特征等属性差异又可分为黑钙土、淋溶黑钙土、石灰性黑钙土、淡黑钙土、草甸黑钙土、盐化黑钙土和碱化黑钙土七个亚类（表 2-1）。

表 2-1 研究区主要土壤类型

研究区	土纲	土类	亚类
大庆油田	钙层土	黑钙土	黑钙土 淋溶黑钙土 石灰性黑钙土 淡黑钙土 草甸黑钙土 盐化黑钙土 碱化黑钙土
华北油田	半淋溶土	褐土	褐土 淋溶褐土 棕褐土 褐土性土
胜利油田	半水成土	潮土	潮土 灰潮土 脱潮土 湿潮土 盐化潮土 碱化潮土 灌淤潮土
江汉油田	半水成土	潮土	潮土 灰潮土
克拉玛依油田	漠土	灰漠土	灰漠土 钙质灰漠土 草甸灰漠土 盐化灰漠土 碱化灰漠土 灌耕灰漠土
		灰棕漠土	灰棕漠土 石膏灰棕漠土 石膏盐盘灰棕漠土 灌耕灰棕漠土

华北油田主要集中在河北省的冀中地区和内蒙古自治区,毗邻任丘市,与著名的"华北明珠"白洋淀毗邻,地处京津腹地。东有京沪铁路、京沪高速,西有京广铁路、京石高速公路,石黄高速公路、津保高速公路分列南北,由南向北的大广高速公路(G45,京衡段)穿过,有鄚州口(G106)、任丘南口(S381)和任丘服务区。纵贯南北的交通大动脉京九铁路和京开高速公路从油田穿过,与北京市、天津市、石家庄市相距均为百余千米,交通便利,地缘优势十分突出。华北油田气候四季分明,具有良好的经济地理环境和人文社会条件。褐土是华北平原的地带性土壤,根据其主要成土过程所表现的程度和有关附加过程的影响而在剖面构型上所产生的有规律的变化,本区褐土可划分为褐土、淋溶褐土、棕褐土、褐土性土(表 2-1)。

胜利油田是中国第二大油田,位于山东省北部渤海之滨的黄河三角洲地带,主要分布在东营、滨州、德州、济南、潍坊、淄博、聊城、烟台 8 个城市的 28 个县(区)境内,主体位于黄河下游的东营市,面积约为 $4.4\times10^4km^2$。东营市位于北纬 36°55′~38°10′,东经 118°07′~119°10′,东、北临渤海,西与滨州市毗邻,南与淄博市、潍坊市接壤,总面积为 7923km²。东营市地处华北凹陷区至济阳凹陷东端,地层自老至新有太古界泰山岩群,地势沿黄河走向自西南向东北倾斜。胜利油田所处位置属于暖温带大陆性季风气候,气候温和,四季分明。胜利油田的土壤类型以潮土为主,可划分为潮土、灰潮土、脱潮土、湿潮土、盐化潮土、碱化潮土和灌淤潮土七个亚类(表 2-1)。

江汉油田是我国中南地区重要的综合型石油基地,位于湖北省江汉平原。江汉平原是我国海拔最低的平原之一,平均海拔只有 27m 左右。江汉平原西起宜昌市枝江市,东迄中部最大的城市武汉市,北至钟祥市,南与洞庭湖平原相连,介于北纬 29°26′~31°10′,东经 111°45′~114°16′,面积 4 万余平方千米。江汉平原物产丰富,是湖北省乃至全国重要的粮食产区和农产品生产基地,素有"鱼米之乡"之称。由于位于长江中游,江汉平原河流纵横交错,湖泊星罗棋布,与洞庭湖平原合称两湖平原。该地气候属亚热带季风气候,年均日照时数约为 2000h,年太阳辐射总值为 460~480kJ/cm²。江汉油田主要的土壤类型为潮土,包括有灰潮土和潮土两个亚类,除极少数泛滥沉积物形成潮土亚类外,绝大多数江河冲积物发育成为灰潮土(表 2-1)。

克拉玛依油田是中华人民共和国成立后于 1955 年发现的第一个大油田,位于中纬度内陆地区,准噶尔盆地西北边缘,新疆维吾尔自治区的克拉玛依市。在独山子油矿北约 130km 处,有一座"沥青丘",当地人把这里叫做"黑油山",维吾尔语即克拉玛依，克拉玛依油田由此得名。克拉玛依市位于北纬 45°36′，东经 84°42′，全市总面积为 7733km²，市区面积约为 16km²，下辖四区两乡一镇。克拉玛依油田所处位置属典型的温带大陆性气候，寒暑差异悬殊，干燥少雨，春秋季风多，冬夏温差大。克拉玛依油田的主要土壤类型为灰漠土和灰棕漠土，其中灰漠土可以分为灰漠土、钙质灰漠土、草甸灰漠土、盐化灰漠土、碱化灰漠土和灌耕灰漠土六个亚类，灰棕漠土可以分为灰棕漠土、石膏灰棕漠土、石膏盐盘灰棕漠土和灌耕灰棕漠土四个亚类（表 2-1）。

2.2 石油生产及污染趋势

大庆油田于 1960 年投入开发建设，由 48 个规模不等的油气田组成，面积约为 6000km²。勘探范围主要包括东北和西北两大探区，为大型背斜构造油藏，自北向南有喇嘛甸、萨尔图、杏树岗等高点，共计 14 个盆地，登记探矿权面积为 23 万 km²，纵跨黑龙江、吉林、辽宁三省。油层为中生代陆相白垩纪砂岩，深度为 900～1200m，中等渗透率。原油为石蜡基，具有含蜡量高（比例为 20%～30%）、凝固点高（温度为 25～30℃）、黏度高（地面黏度 35）、含硫低（比例在 0.1% 以下）的特点，原油比重为 0.83～0.86。1959 年，在高台子油田钻出第一口油井，1960 年 3 月，大庆油田投入开发建设，1976 年以来，原油产量一直在 5000 万 t 以上，1983 年原油产量为 5235 万 t。近几年的原油产量与 20 世纪 80 年代相比略有下降，2006 年原油产量为 4338.10 万 t，至 2012 年原油产量仍保持在 4000 万 t 以上（表 2-2）。大庆油田的开采给周围环境带来严重污染，油井周围 100m 范围内采集的土壤中，其含油量大多数高于国家标准临界值（500mg/kg）。根据计算，大庆油田从 2006 年至今，每年进入环境的石油污染物约为 8 万 t，对土壤的影响非常严重（图 2-1）。

表 2-2 2006～2012 年研究区原油产量   单位：万 t

研究区	2006 年	2007 年	2008 年	2009 年	2010 年	2011 年	2012 年
大庆油田	4338.10	4162.21	4020.01	4000.03	4000.03	4000.04	4000.00
华北油田	440.11	447.01	442.80	426.07	426.03	419.89	419.00
胜利油田	2741.55	2770.08	2774.02	2783.50	2734.00	2734.00	2755.00
江汉油田	95.80	95.75	96.50	96.01	96.50	96.50	96.90
克拉玛依油田	1191.66	1217.06	1222.49	1089.02	1089.01	1088.00	1103.00

资料来源：萧芦，2012，2013

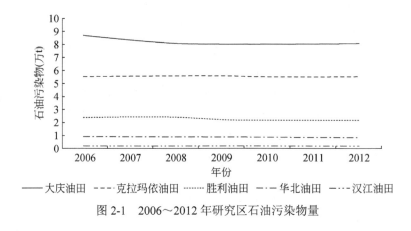

图 2-1　2006～2012 年研究区石油污染物量

华北油田勘探面积近 20 万 km^2，主要集中在河北省的冀中地区和内蒙古地区。探区内有石油资源 30 亿 t 左右，现已探明 11 亿 t，探明程度为 36.7%。而新登记的冀南—南华北地区，是一片尚待开发的潜力区块，面积达 3 万 km^2。1976 年，华北油田正式诞生，1978 年原油产量达到 1723 万 t，跃居全国第三位，为当年全国原油产量突破亿吨大关做出了重要贡献，1979 年，总产量达到 1733 万 t 的高峰。自 1977 年起，油田连续保持年产原油 1000 万 t 达 10a 之久。进入 21 世纪后，华北油田原油产量有所下降，2006 年原油产量为 440.11 万 t，2008～2012 年年原油产量保持在 420 万 t 左右（表 2-2）。根据计算，每年每生产 1t 石油，会有约 2kg 石油污染物进入环境。因此，华北油田从 2006 年至今，每年进入环境的石油污染物约为 0.8 万 t，对土壤的影响较为严重（图 2-1）。

胜利油田探矿范围主要集中在济阳、昌潍、胶莱、临清、鲁西南 5 个凹陷，其中济阳凹陷和浅海地区是其勘探开发的主战场。截至 2012 年 1 月 1 日，胜利油田取得探矿权勘探面积达 19.4 万 km^2，原油资源总量达 145 亿 t。自 2006 年，胜利油田原油产量一直保持增长，尤其是在 2009 年大庆油田和克拉玛依油田产量都下降的情况下，仍保持稳步增长，但于 2010 年有所下降，2012 年原油产量为 2755.00 万 t，为我国第二大油田（表 2-2）。过去数十年间采油工艺相对落后、密闭性不佳，加之环境保护措施和影响评价体系相对落后、污染控制和修复技术缺乏，使得其石油污染呈逐年累积加重态势，其石油烃最高含量达 23%，每年产生含油污泥在 10 万 t 以上，其中约 5.5 万 t 的石油污染物进入环境（图 2-1），造成了严重的土壤污染，对当地生态系统产生很大影响，以致有些地方寸草不生（孙青和唐景春，2009；刘五星等，2007）。

江汉油田主要分布在湖北省境内的潜江、荆州等 7 个市县和山东省境内的寿光市、广饶县以及湖南省境内的衡阳市,先后发现 24 个油气田,探明含油面积为 139.6km²。江汉油田已建成江汉油区、山东八面河油田、陕西安塞坪北油田和建南气田 4 个油气生产基地。截至 2009 年底,拥有国内探矿权区块 11 个,累计发现油田 31 个,探明石油地质储量为 34 668 万 t。经过长期的实践,江汉油田形成了从勘探选区、盆地评价、区带评价到目标钻探全过程的油气勘探技术和丰富的工程服务经验,具备独立开发大中型海相陆相整装油气田、复杂断块油气田和特低渗透油气田的能力。2006 年江汉油田原油产量为 95.80 万 t,2009 年原油产量较 2008 年的 96.50 万 t 下降至 96.01 万 t,到 2012 年江汉油田原油产量为 96.90 万 t(表 2-2)。由于江汉油田原油产量较小,相对于其他几个油田进入环境的石油污染物也较小一些,每年约有 0.2 万 t 石油污染物污染周围土壤环境(图 2-1)。

克拉玛依油田于 1955 年 10 月 29 日的克拉玛依一号井出油而被发现。准噶尔盆地油气资源十分丰富,预测石油资源总量为 86 亿 t,目前石油探明率仅为 21.4%。克拉玛依油田原油产量居中国陆上油田第 4 位、连续 25a 保持稳定增长,累计原油产量 2 亿多吨。2002 年原油产量突破 1000 万 t,成为中国西部第一个千万吨大油田。至 2008 年克拉玛依油田原油产量保持小幅度上涨,在 2009 年有所下降,到 2012 年原油产量为 1103 万 t(表 2-2)。克拉玛依油田每年产生约 2 万 t 石油污染物(图 2-1),同样给周围的环境造成了严重的危害,污染主要集中在地表 20cm 的深度范围内。

2.3 研究设计

为了研究中国石油产区土壤污染状况和生态毒性,分别在上述中国五大石油产区均匀布设采样点并进行理化及生物数据采集分析。

基于石油污染物的低移动性,土壤取样范围为土壤表层,即 0~20cm。研究一共设立 46 个样点(图 2-2),其中大庆油田样点数为 13 个(DQ1~DQ13),华北油田样点数为 6 个(HB1~HB6),胜利油田样点数为 14 个(SL1~SL14),江汉油田样点数为 2 个(JH1~JH2),克拉玛依油田样点数为 11 个(XJ1~XJ11)。空白样点取自油区外无石油污染的土壤,采集其数据,作为参考值。大庆油田 13 个样点中,DQ13 为空白样点;华北油田 6 个样点中,HB1 为空白样点;胜利油田 14 个样点中,SL14 为空白样点;江汉油田 2 个样点中,JH2 为空白样点;克拉玛依油田 11 个样点中,XJ11 为空白样点。

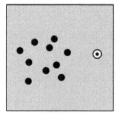

克拉玛依油田

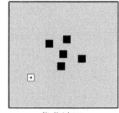

华北油田

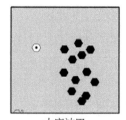

大庆油田

图　例
● ⊙ 克拉玛依油田采样点与对照点
■ □ 华北油田采样点与对照点
⬣ ⊙ 大庆油田采样点与对照点
▲ △ 胜利油田采样点与对照点
⬠ ⬠ 江汉油田采样点与对照点

胜利油田

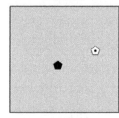

江汉油田

图 2-2　采样点分布图

土壤取样后，混合均匀，过 2mm 筛于 4℃ 保存。在采样现场，观测土壤类型，记录数据；其余指标于实验室进行分析测定（表 2-3，表 2-4）。

表 2-3　研究指标体系及测定方法

准则层	因素层	指标层	测定方法
物理性质	土壤形态	质地	实地观测
		结构	实地观测
	土壤孔性	密度	比重法
	土壤水分特性	含水量	烘干法
化学性质	酸碱度	pH	玻璃电极法
	含盐量	盐度	电导率法
	无机物	全氮	土壤农业化学分析法
		水解氮	土壤农业化学分析法
		全磷	土壤农业化学分析法
		速效磷	土壤农业化学分析法
	无机物	全钾	土壤农业化学分析法
		速效钾	土壤农业化学分析法
	有机物	有机质	土壤农业化学分析法

准则层	因素层	指标层	测定方法
化学性质	无机污染物	重金属	土壤农业化学分析法
		水溶性重金属	土壤农业化学分析法
	有机污染物	含油量	红外测油法
		沥青质含量	四组分重量法
		胶质含量	四组分重量法
		饱和烷烃含量	四组分重量法
		多环芳烃含量	四组分重量法
生物性质	群落结构	活菌数	涂布平板
		有效/优化序列	罗氏 454GSFLX 测序
		OTU	罗氏 454GSFLX 测序
		物种分类及相对丰度比例	罗氏 454GSFLX 测序
		菌群丰度	罗氏 454GSFLX 测序
		菌群多样性	罗氏 454GSFLX 测序
		稀释性曲线（rarefaction curve）	罗氏 454GSFLX 测序
	群落功能	直链烷烃和多环芳烃降解群落	克隆文库
		AWCD	Biolog 生态板法
		Shannon 多样性指数	Biolog 生态板法
		Shannon 均匀度指数	Biolog 生态板法
		McIntosh 多样性指数	Biolog 生态板法
		McIntosh 均匀度指数	Biolog 生态板法
		Gini 指数	Biolog 生态板法
		碳源利用率	Biolog 生态板法
		特殊功能菌数	最大或然数法

注：多环芳烃（polycyclic aromatic hydrocarbons，PAHs）；OTU 为运算分类单元（operational taxonomic unit）；AWCD 为各孔平均颜色变化率（average well color development）

表 2-4 微生物群落基本功能表征指标

指标	计算方法	意义
AWCD	$AWCD=(\sum n_i)/n$；n_i 第 i 孔的相对吸光值，i 为孔数	平均活性

续表

指标	计算方法	意义
Shannon 多样性指数	$H'=-\sum P_i \times \ln(P_i)$；$P_i$ 为第 i 孔的相对吸光值与整个平板相对吸光值总和的比率	信息多样性
Shannon 均匀度指数	$J_H=H'/(\ln S)$；S 为发生颜色变化的孔的数目	分布均匀程度
Gni 指数	$D=1-\sum(P_i)^2$；P_i 第 i 孔的相对吸光值与整个平板相对吸光值总和的比率	概率多样性（优势度）
McIntosh 多样性指数	$U=\sqrt{(\sum n_i)^2}$；n_i 为第 i 孔的相对吸光值	空间多样性
McIntosh 均匀度指数	$JU=(N-U)/(N-N/S)$；N 为相对吸光值总和，S 为发生颜色变化的孔的数目	分布均匀程度
特殊功能菌数	最大或然数法	

参 考 文 献

刘五星，骆永明，滕应，等. 2007. 我国部分油土壤及油泥的石油污染初步研究 [J]. 土壤，39（2）：247-251.

孙青，唐景春. 2009. 胜利油田污染土壤的生态毒性评价 [A]. 中国农业生态环境保护协会、农业部环境保护科研监测所.第三届全国农业环境科学学术研讨会论文集 [C]. 中国农业生态环境保护协会、农业部环境保护科研监测所.

萧芦. 2012. 2006~2011 年中国原油产量 [J]. 国际石油经济，（4）：101.

萧芦. 2013. 2007~2012 年中国原油产量 [J]. 国际石油经济，（4）：92.

第 3 章 中国主要产油区石油
污染土壤理化特征

　　土壤是地球表面一类特定的自然体，它不仅具有自己发生发展的历史，而且是一个从形态、物质组成、结构和功能上可以剖析的物质实体。在自然界中，土壤圈处于大气圈、岩石圈、水圈和生物圈之间的过渡地带，是联系有机界和无机界的中心环节，是结合地理环境各组成要素的枢纽。在地理环境中，土壤是运动着的物质、能量体系，其物理化学特性每过一定时间都会有新的变化。人类活动的干扰，尤其是石油工业生产消费，会加剧土壤理化性质的转变，呈现出独特的理化特征。

3.1　采油区土壤基本理化性质分析

　　土壤的物理性质指土壤本身由于三相组成部分的相对比例关系不同所表现的物理状态以及固、液两态相互作用时所表现出来的性质（黄昌勇，2000）。质地和结构是土壤的重要物理性质。土壤不同的粒级按照不同的比例组合所表现出来的粗细状况，称为土壤质地。土壤中的土粒相互团聚，形成了形状、大小、数量和稳定程度都不同的土团、土块或土片等团聚体，这种团聚体则称为土壤结构（或结构体），它直接影响土壤的水、肥、气、热状况，而且与土壤的耕作也有密切关系。土壤孔性是指能够反映土壤孔隙总容积的大小，土壤孔性的好坏取决于土壤的质地、松紧度、有机质含量和结构等。土壤水分主要来自于降雨、降雪和灌溉，一方面因受土壤吸附力和表面张力的作用，被保持在土粒的表面和土壤孔隙之中，满足植物生长对水分的要求；另一方面和可溶性盐类一起构成土壤溶液作为向植物供给养分的媒介。

　　土壤化学性质指土壤组分在化学变化中表现出来的性质，包括土壤的酸碱度、盐度、有机质、全氮、全磷、全钾等，表征土壤的肥力和养分。pH 表征土壤的酸碱度，影响养分元素的有效性，从而影响植物生长，是土壤最基本的化学指标。

盐度是土中所含盐分（主要是氯盐、硫酸盐、碳酸盐）的质量占干土质量的比例，其含量及类型特别是易溶盐对土壤的物理、水理、力学性质及生物影响较大。有机质是由一系列繁简不一、大小不均、性质各异、功能多样的有机化合物所组成的一个混合体。土壤全氮包括有机态氮（约为95%）和无机态氮（约为5%）两类，有机态氮又可分为水溶性、水解性和非水解性三类，水溶性有机态氮包括一些游离氨基酸、铵盐及酰胺类化合物等，在土壤溶液中容易水解而放出铵离子，是易被植物利用的氮素，也叫水解氮，但数量很少。土壤全磷是指土壤中各种形态磷素的总和，主要来自母岩（母质）中的含磷矿物、土壤有机质和施用的含磷肥料，是植物生长发育必需的元素。速效磷是指能被当季作物吸收利用的磷素，受土壤中各种磷化合物本身的组成、性质和数量、土壤水湿条件、温度、酸碱度和人类活动等的影响。土壤全钾是指土壤中各种形态钾素的总和，也是作物不可缺少的大量营养元素，包括水溶性钾、交换性钾、非交换性钾和矿物态钾，其中水溶性钾和交换性钾随时都处于平衡与转化的过程中，都被当季作物吸收利用，为速效钾（0.2%~2%）（全国土壤普查办公室，1998）。

位于不同地理位置的土壤受气候、水文条件等自然因素的影响，具有特定的固有理化性质，加上人类活动的干扰，理化性质特征也会进一步发生改变。

3.1.1 采油区土壤物理性质

（1）土壤质地和结构

根据我国土壤质地分类标准，土壤质地可以划分为砂土、壤土和黏土。砂土的砂粒含量通常超过50%，黏粒含量小于30%，土壤颗粒间孔隙大，小孔隙少，毛细管作用弱，保水性差。砂土通透性良好，不耐旱，地疏松，耕作较为方便，但其有机质分解快、积累少，养分易淋失，作物早生快发，无后劲，往往造成后期缺肥早衰，结实率低，籽粒不饱满。黏土的特性正好和砂土相反，其质地黏重，耕性差，土粒之间缺少大孔隙，因而通气透水性差，既不耐旱，也不耐涝，但其保水保肥力强，耐肥，养分不易淋失，养分含量较砂土丰富，有机质分解慢，腐殖质易积累，作物施肥后见效迟，肥料有后劲。壤土的性质则介于砂土与黏土之间，其耕性和肥力较好，通气透水，供肥保肥能力适中，耐旱耐涝，抗逆性强，适种性广，适耕期长，易培育成高产稳产土壤。因此，壤土是最理想的土壤质地类型。

一般土壤结构可分为五类，即块状结构、核状结构、柱状和棱柱状结构、片状结构和团粒结构。块状结构是不良结构，土体紧、孔隙少而大、通透性很差、微生物活动微弱，还会压苗，造成缺苗断垄现象。核状结构近立方体，边面和棱角较为明显，表面有褐色胶膜，由石灰质铁质胶膜胶结而成，常出现于缺乏有机质的心层土、底土中，也是一种不良结构土壤。柱状和棱柱状结构常出现在质地黏重、缺乏有机质的土壤中，结构之间有明显的裂缝，漏水漏肥，多出现在土体下部（心层土、底土）。片状结构横轴远大于纵轴，呈薄片状，不利于通气、透水。会影响种子发芽和幼苗出土，常见于老耕地的犁底层中，在雨后或灌水后所形成的地表结壳和板结层也属于片状结构。团粒结构是有机质丰富的自然土壤与耕作土壤，为近似球形疏松多孔的小土团，在提高水稻土和农业土壤肥力方面具有重要作用。农业生产上最理想的结构，俗称"米糁子""蚂蚁蛋"。

五大研究区石油污染的土壤质地和结构都并不理想。大庆油田以块状的砂壤土为主；华北油田以团粒状的壤土为主；胜利油田、江汉油田和克拉玛依油田均以核状的砂壤土为主（表 3-1）。大多数油田受石油污染的影响较为严重，土壤的质地和结构都发生了改变，不适宜耕作。华北油田的采样点位于华北平原的农业用地，且其石油产量较少，每年进入环境的石油污染物相对来说也较少，对土壤质地和结构的干扰相对较弱，因此华北油田的土壤质地和结构在五个研究区中状态最好。

表 3-1　研究区石油污染土壤形态

研究区	土壤质地	土壤结构
大庆油田	砂壤土	块状
华北油田	壤土	团粒
胜利油田	砂壤土	核状
江汉油田	砂壤土	核状
克拉玛依油田	砂壤土	核状

（2）土壤孔性和水分特性

土壤密度是土壤孔性常用的标准指标，含水量能表征土壤水分特性。有关资料显示，不同的土壤质地，最优含水量和最大干密度范围不同，作为最理想的壤土，最优含水量在 17%～23%，最大干密度在 1.60～1.76g/cm^3（表 3-2）。

表 3-2　土壤最优含水量及最大干密度参考值

土壤质地	最优含水量（%）	最大干密度（g/cm^3）
砂壤土	10~17	1.76~2.00
壤土	17~23	1.60~1.76

　　五个油田中大庆油田和克拉玛依油田的土壤密度分布范围较为一致，华北油田的土壤之间密度差别较大；华北油田的平均土壤密度最大，江汉油田次之，大庆油田和克拉玛依油田平均密度值相当（图 3-1）。砂壤土的最大干密度为 1.76~2.00g/cm^3，壤土的最大干密度为 1.60~1.76g/cm^3，五个油田的土壤密度均远远大于该标准。土壤密度过大，不利于土壤中空气流通，影响生物活动。

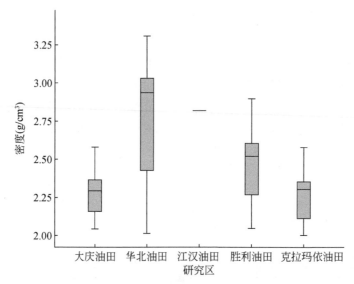

图 3-1　研究区石油污染土壤密度分布

　　五个油田的污染土壤含水量差别较大，胜利油田的平均土壤含水量最大，为 8.47%，江汉油田次之，大庆油田位列第三，为 6.81%，华北油田最低，仅为 0.83%（图 3-2）。克拉玛依油田土壤含水量分布最不均匀，华北油田土壤含水量分布最集中。砂壤土的最优含水量为 10%~17%，壤土的最优含水量为 17%~23%。五个研究区的土壤含水量远远低于较为理想的土壤——壤土最优含水量的标准，甚至低于其本身质地——砂壤土最优含水量的标准，含水量太少，不利于生物生存。

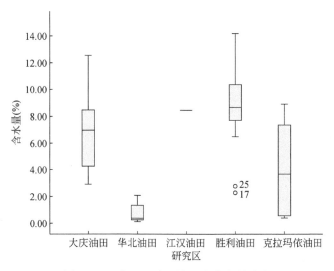

图 3-2　研究区石油污染土壤含水量分布

3.1.2　采油区土壤化学性质

（1）酸碱度和盐度

我国土壤酸碱度分为五级，即强酸性（pH<5.0）、酸性（5.0<pH<6.5）、中性（6.5<pH<7.5）、碱性（7.5<pH<8.5）、强碱性（pH>8.5）。五个油田土壤均偏碱（图 3-3）。大庆油田土壤整体属于强碱性，华北油田、胜利油田和克拉玛依

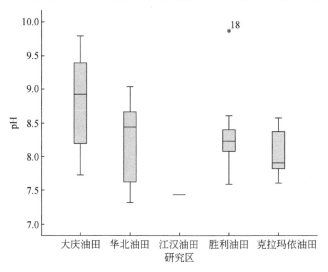

图 3-3　研究区石油污染土壤 pH 分布

油田土壤整体均属于碱性，江汉油田整体属于中性土壤（图3-3）。大庆油田的土壤平均 pH 最大，华北油田次之，江汉油田最小；胜利油田和克拉玛依油田各采样点土壤 pH 分布较为均匀，大庆油田和华北油田分布较为分散。江汉油田采样点 pH 在 7.5 左右，接近于农作物的最适 pH 的最大值。

石油生产在一定程度上破坏了土壤的酸碱平衡，同时石油在长期的降解过程中，产生碱性物质，导致土壤 pH 升高。整体上，五个采油区土壤均不适宜农作物生长。

根据我国地域和土壤盐度，可将土壤盐化程度分为 5 类，即非盐化土、轻度盐化土、中度盐化土、强度盐化土和盐土（表3-3）。大庆油田、华北油田、胜利油田和江汉油田都属于滨海、半湿润半干旱、干旱区，克拉玛依油田属于半漠境及漠境区。测量结果表明，五大研究区中大庆油田、华北油田和江汉油田空白样点土壤的盐化程度不高，而胜利油田和克拉玛依油田空白样点土壤盐化严重，大庆油田和江汉油田石油污染后的土壤盐化程度加重，胜利油田和克拉玛依油田盐化程度降低，华北油田并没发生明显变化（表3-4）。

表 3-3　我国土壤盐化分级指标　　　　单位：%

适用地区	土壤盐度					盐渍类型
	非盐化	轻度	中度	强度	盐土	
滨海、半湿润半干旱、干旱区	<0.1	0.1~0.2	0.2~0.4	0.4~0.6	>0.6	$HCO_3^- + CO_3^{2-}$，Cl^-，$Cl^- - SO_4^{2-}$，$SO_4^{2-} - Cl^-$
半漠境及漠境区	<0.2	0.2~0.3	0.3~0.5	0.5~1.0	>1.0	SO_4^{2-}，$Cl^- - SO_4^{2-}$，$SO_4^{2-} - Cl^-$

表 3-4　研究区土壤碱化和盐化程度

研究区	采样点	碱化程度	盐化程度
大庆油田	污染样点	强碱性	轻度
	空白样点	强碱性	非盐化
华北油田	污染样点	碱性	非盐化
	空白样点	强碱性	非盐化
胜利油田	污染样点	碱性	盐土
	空白样点	碱性	盐土
江汉油田	污染样点	中性	盐土
	空白样点	碱性	中度

研究区	采样点	碱化程度	盐化程度
克拉玛依油田	污染样点	碱性	盐土
	空白样点	碱性	盐土

（2）全磷、全钾

根据土壤养分分级标准（张桃林等，1999），不同养分水平的土壤其全磷和全钾含量不同（表 3-5）。分别计算各油田样点养分级别，可以看出四个油田各个样点的污染土壤均处于养分缺乏状态；大多数样点中度缺乏全磷和全钾；全钾缺乏程度比全磷大；大庆油田和胜利油田土壤养分状态最不佳，华北油田养分状态相对较好（图 3-4，图 3-5）。研究区的磷、钾元素含量无法满足植物的正常生长发育。

表 3-5　土壤养分分级标准　　　　　　　　单位：%

养分水平	代号	全磷	全钾
肥沃	A	＞0.1	＞3
轻度缺乏	B	0.06～0.1	2～3
中度缺乏	C	0.02～0.06	1～2
严重缺乏	D	＜0.02	＜1

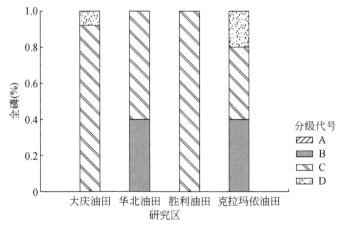

图 3-4　研究区石油污染土壤全磷分布图

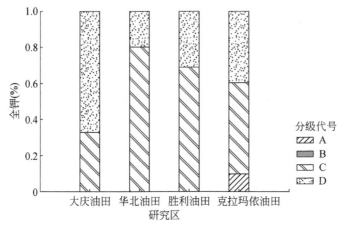

图 3-5　研究区石油污染土壤全钾分布图

（3）有机质、全氮、水解氮、速效磷、速效钾

根据全国第二次土壤普查推荐的《土壤养分分级标准》，不同含量的有机质、全氮、水解氮和速效钾可分别分为 6 级，级别越高表示该项指标值越高，肥力越强（表 3-6）。

表 3-6　第二次土壤普查肥力分级标准

级别	有机质（%）	全氮（%）	水解氮（mg/kg）	速效磷（mg/kg）	速效钾（mg/kg）
1	>4	>0.2	>150	>40	>200
2	3~4	0.15~0.2	120~150	20~40	150~200
3	2~3	0.1~0.15	90~120	10~20	100~150
4	1~2	0.07~0.1	60~90	5~10	50~100
5	0.6~1	0.05~0.75	30~60	3~5	30~50
6	<0.6	<0.05	<30	<3	<30

分别计算五个油田污染土壤样点的有机质、全氮、水解氮和速效钾的平均含量，参照全国第二次土壤普查肥力分级标准（表 3-6），可以得到各类肥力指标的平均级别和综合肥力级别。结果表明（表 3-7），大庆油田、华北油田、胜利油田和克拉玛依油田这四大油田污染土壤的有机质均非常充足，级别均为 1；整体上水解氮和全氮的含量较低，大庆油田含氮水平相对最高；胜利油田和克拉玛依油田速效磷和速效钾含量相对较多。这种由石油污染而引起的有机质提高，不同于土壤正常含有的有机质，也不同于植物光合作用所固定的碳，并不能完全释放出有效养分以供植物吸收利用。因此，对于石油污染的土壤不应该用有机碳指标来

判断土壤肥力（Caravaca and Roldan，2003）。应该除去有机质指标，计算其他指标级别之和，得到综合肥力指标。大庆油田综合肥力级别最高，各类肥力指标的级别较平均；克拉玛依油田虽然综合肥力级别也较高，但其氮含量较低，会限制微生物的生存；华北油田肥力最差，各类肥力指标含量均较低，但其级别较为一致，意味着各类肥力指标比例可能会比较适宜微生物的生存。

表 3-7　研究区石油污染土壤平均肥力级别

研究区	有机质级别	全氮级别	水解氮级别	速效磷级别	速效钾级别	综合肥力级别
大庆油田	1	3	3	4	3	13
华北油田	1	4	5	4	3	16
胜利油田	1	6	5	3	1	15
江汉油田	3	3	3	2	1	9
克拉玛依油田	1	5	5	2	1	13

（4）碳氮磷比

土壤中有机质的含碳量平均为58%。当生物可利用的碳：氮：磷为120：10：1 时有利于土壤中微生物对石油污染物的降解。整体上，研究区的污染样点和空白样点的碳氮比均高于理想比例，污染样点的碳氮比尤其偏高；大庆油田和华北油田的氮磷比较为理想，其他油田氮磷比偏低（表3-8）。由于石油污染导致土壤中的碳含量大幅度增加，使得石油污染土壤中碳氮磷比例严重失调，在进行石油污染土壤修复时需要添加相应的氮、磷营养元素来增强土壤中微生物的营养，加快其对石油的分解（Plaza et al.，2005）。

表 3-8　研究区石油污染土壤碳氮磷比

研究区	采样点	碳氮磷比
大庆油田	污染	4470：7：1
	空白样点	1760：13：1
华北油田	污染	6929：10：1
	空白样点	440：8：1
胜利油田	污染	6047：5：1
	空白样点	496：2：1
江汉油田	污染	460：3：1
	空白样点	1623：20：1

研究区	采样点	碳氮磷比
克拉玛依油田	污染	2235：2：1
	空白样点	422：3：1

3.2 石油污染物含量及分布研究

土壤污染物是能使土壤遭受污染的物质，大致可分为有机污染物和无机污染物两大类。无机污染物多为重金属元素（如汞、镉、铬、铜、锌、铅、镍、砷）、硒、氟、放射性元素以及盐、酸、碱等；有机污染物大多是有机农药，如在土壤中残留期可达 3~10a 的滴滴涕、狄氏剂、林丹、绿丹、碳氯特灵、七氯、艾氏剂等，当然也包含三氯乙醛、酚、氰、苯并芘、石油、洗涤剂等其他有害物质。其中，总石油烃（total petroleum hydrocarbons，TPH）是目前环境中广泛存在的有机污染物之一。TPH 进入土壤后，在土壤中累积，填充一定深度土壤的空隙，影响土壤的通透性，破坏土壤固有的水、气和固的三相结构，影响土壤中微生物的生长，也影响土壤中植物根系的呼吸及水分养料的吸收，甚至使植物根系腐烂坏死，严重危害植物的生长。此外，因为石油富含能与无机氮、磷结合并限制硝化作用和脱磷酸作用的反应基，从而使土壤有机氮、磷的含量减少，影响作物的营养吸收。

3.2.1 研究区总石油烃含量

华北油田污染土壤平均 TPH 含量最高［（183 763.20±55 874.71）mg/kg］，胜利油田平均 TPH 含量最低［（2555.41±24 770.70）mg/kg］，大庆油田［（44 939.33±33 456.97）mg/kg］和克拉玛依油田［（43 349.32±51 667.72）mg/kg］平均 TPH 含量相当（图 3-6）。单因变量多因素方差分析（UNIANOVA）结果显示，各研究区 TPH 含量差异性显著（P =0.000），见表 3-9。OECD 推荐的土壤 TPH 临界值为200mg/kg，中国的 TPH 标准临界值为 500mg/kg，五个油田的污染土壤 TPH 不仅大大超过了 OECD 设定的临界值，而且也超过了中国设定的 TPH 临界值。以国家规定的 TPH 临界值作为标准，大庆油田平均 TPH 是临界值的 90 倍，其中最高倍数高达 225，含量最低样点也是临界值的 8 倍，7 个样点含油量倍数均超过 100

倍；华北油田整体超标最严重，平均 TPH 是临界值的 368 倍，60%的样点 TPH 倍数超过 300，含量最高点超标 514 倍；胜利油田平均 TPH 是临界值的 51 倍，其中最高倍数为 170，最低倍数为 7，有 2 个样点的 TPH 倍数超过 100 倍；克拉玛依油田平均 TPH 是临界值的 87 倍，其中含量最高的样点达到临界值的 257 倍。根据五个研究区的空白样点 TPH 均为 0mg/kg，可以推断，采油区土壤中的高 TPH 为石油污染所导致。

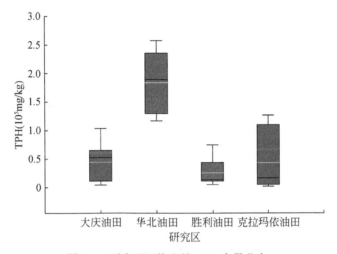

图 3-6　研究区污染土壤 TPH 含量分布

表 3-9　研究区污染土壤 TPH 含量单因变量多因素方差分析

源	III 型平方和	df	均方	F	Sig.
校正模型	9.673×10^{10}	3	3.224	20.657	0.000
截距	1.924×10^{11}	1	1.924×10^{11}	123.291	0.000
土样	9.673	3	3.224×10^{10}	20.657	0.000
误差	5.619×10^{10}	36	1.561×10^{9}		
总计	2.766×10^{11}	40			
校正的总计	1.529×10^{11}	39			

3.2.2　石油组分

组成石油的各种烃类物质按其结构可分为：饱和烃、芳香烃、胶质及沥青质。

其中芳香烃，如苯并［a］芘、荧蒽、苯并［b］荧蒽等具有强烈的生态毒性。大庆油田污染土壤中 TPH 组分构成：饱和烷烃为 42%，多环芳烃为 22%，胶质为 20%，沥青质为 14%；华北油田饱和烷烃为 61%，环烷芳烃为 13%，胶质为 12%，沥青质为 13%；胜利油田饱和烷烃为 48%，多环芳烃为 20%，胶质为 21%，沥青质为 11%；江汉油田胶质比例高达 72%；克拉玛依油田饱和烷烃为 46%，多环芳烃为 17%，胶质为 22%，沥青质为 15%。组分均以饱和烷烃为主，沥青质所占比例最小，多环芳烃和胶质所占比例相当（图 3-7）。

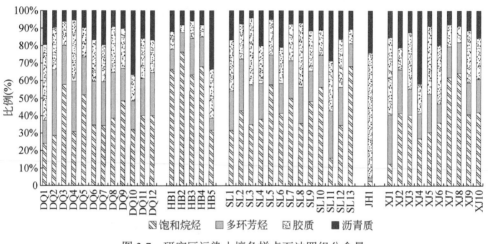

图 3-7　研究区污染土壤各样点石油四组分含量

3.2.3　重金属污染物

本研究用总镉、总汞、总砷、总铅、总铬、总铜、总镍和总锌含量表征土壤重金属污染状态（表 3-10）。若土壤污染物监测浓度高于国家《土壤环境质量标准》中规定的土壤无机污染物的环境质量第二级标准值，则表明具有潜在危害，有可能发生污染危害，可称为轻度污染，应给予充分的关注（环境保护部和国家质量监督检验检疫总局，2008）。

表 3-10　研究区土壤重金属分布　　　　　　　　单位：mg/kg

研究区	含量	总镉	总汞	总砷	总铅	总铬	总铜	总镍	总锌
大庆油田	最大值	0.44	3.24	9.59	37.50	50.40	29.50	12.30	60.80
	最小值	0.21	0.12	5.30	5.00	13.70	5.04	5.56	22.80

续表

研究区	含量	总镉	总汞	总砷	总铅	总铬	总铜	总镍	总锌
大庆油田	对照点	0.49	0.39	10.30	18.00	49.20	33.20	11.10	45.40
	平均值	0.33	0.46	8.07	15.05	35.78	18.62	8.57	40.39
华北油田	最大值	0.25	0.60	9.53	51.90	2380.00	48.30	237.00	561.00
	最小值	0.09	0.03	5.88	15.30	40.00	18.00	27.70	78.60
	对照点	0.10	0.23	12.40	14.68	41.20	18.40	30.90	84.20
	平均值	0.14	0.24	8.34	24.60	525.58	29.58	70.56	232.04
胜利油田	最大值	0.51	0.48	11.30	67.10	165.00	19.10	18.30	111.00
	最小值	0.33	0.05	8.00	10.60	22.20	6.74	11.00	35.50
	对照点	0.17	0.09	6.41	27.39	71.15	8.94	38.30	55.06
	平均值	0.44	0.16	9.60	31.28	61.36	12.06	13.92	61.42
江汉油田	最大值	0.15	0.11	13.20	21.71	66.70	35.50	42.60	138.00
	最小值	0.15	0.11	13.20	21.71	66.70	35.50	42.60	138.00
	对照点	0.15	0.32	15.80	19.92	52.20	31.90	41.00	119.00
	平均值	0.15	0.11	13.20	21.71	66.70	35.50	42.60	138.00
克拉玛依油田	最大值	5.35	3.38	18.50	152.00	171.00	103.00	36.70	420.00
	最小值	0.22	0.27	6.64	6.77	22.20	20.20	1.93	28.80
	对照点	0.61	0.31	11.60	33.90	32.80	32.20	31.20	80.80
	平均值	1.31	0.95	12.52	31.77	49.63	37.88	18.55	123.48
国家二级土壤标准（pH >7.5 的情况下）									
农业用地（旱地）		0.80	1.50	25.00	80.00	250.00	100.00	100.00	300.00
工业用地		20.00	20.00	70.00	600.00	1000.00	500.00	200.00	700.00

　　大庆油田、胜利油田和克拉玛依油田重金属含量均远低于国家《土壤环境质量标准》中规定的环境质量工业用地第二级标准值；华北油田样点属于农业用地，除了 HB2 样点总铬、总镍和总锌有超标以外，其他样点重金属含量均低于农业用地中旱地（pH＞7.5）的第二级标准值；大庆油田重金属污染最轻，华北油田 HB2 样点铬、镍和锌污染较重；各类重金属中总锌含量在四个油田中含量均最大，华北油田总锌含量均值高达 232.04mg/kg；四个油田空白土壤重金属含量部分高于平均值，部分低于平均值，说明石油污染对土壤重金属含量的影响并不大；水溶性

重金属（铅、锌、铜、镉、铬、砷、汞、镍）含量较低，除了水溶性重金属砷之外，均无法检测。综上，重金属不是本研究对象的主要污染物质，而是有机污染物——TPH。

3.2.4　采油区污染土壤中主要生态毒性物质

基于美国国家环境保护局（Environmental Protection Agency，USA，EPA）和世界卫生组织（Word Health Organization，WHO）污染物清单，结合 3.2.1～3.2.3 节的研究结果，可以确定中国采油区石油污染土壤中主要生态毒性物质为多环芳烃（PAHs：NAP、ACE、ACY、FLO、PHE、ANT、FLA、PYR、BaA、CHR、BbF、BkF、BaP、IcdP、DahA、BghiP），污染物清单见表 3-11。

石油污染土壤中大庆油田、胜利油田、克拉玛依油田、华北油田地区的总 PAHs 的浓度范围分别是 0.857～27.816mg/kg、0.480～20.625mg/kg、0.497～43.210mg/kg、12.112～45.328mg/kg；其中，7 种可致癌 PAHs 占总 PAHs 的 8.0%～25.7%。在所得到的 16 种 PAHs 中，以 3 个苯环和 4 个苯环的结构为主，分别占到总 PAHs 的 46.5%～69.6%和 15.7%～40.9%，含量最少的为 6 个苯环结构的 PAHs，仅占 0.3%～2.6%。PHE、PYR、CHR 这三种多环芳烃在 16 种多环芳烃中所占的比例最高（Wang et al.，2015a，2015b）。

表 3-11　研究区 16 种 PAHs 比例　　　　单位：%

多环芳烃	大庆油田	胜利油田	克拉玛依油田	华北油田
NAP	688（7.2）	207（3.2）	865（6.4）	1 863（8.1）
ACE	19（0.2）	17（0.3）	29（0.2）	45（0.2）
ACY	41（0.4）	62（1.0）	144（1.1）	97（0.4）
FLO	169（1.8）	195（3.1）	832（6.1）	666（2.9）
PHE	4 525（47.1）	2 369（37.1）	8 637（63.6）	10 258（44.7）
ANT	14.2（0.1）	22（0.3）	36（0.3）	48（0.2）
FLA	510（5.3）	585（9.1）	784（5.8）	1 706（7.4）
PYR	1 171（12.2）	1 387（21.7）	1 129（8.3）	3 655（15.9）
BaA	40（0.4）	46（0.7）	14（0.1）	33（0.1）
CHR	2 234（23.2）	1 132（17.7）	949（7.0）	4 151（18.1）
BbF	33（0.3）	12（0.2）	22（0.2）	99（0.4）

多环芳烃	大庆油田	胜利油田	克拉玛依油田	华北油田
BkF	17（0.2）	38（0.6）	20（0.1）	74（0.3）
BaP	27（0.3）	111（1.7）	41（0.3）	87（0.4）
IcdP	18（0.2）	16（0.2）	20（0.1）	73（0.3）
DahA	46（0.5）	28（0.4）	22（0.2）	35（0.2）
GghiP	58（0.6）	167（2.6）	35（0.3）	60（0.3）
$\sum PAH_{2\text{-ring}}$	917（9.5）	482（7.5）	1 870（13.8）	2 672（11.6）
$\sum PAH_{3\text{-ring}}$	5 050（52.5）	2 976（46.5）	9 457（69.6）	12 013（52.3）
$\sum PAH_{4\text{-ring}}$	3 495（36.4）	2 615（40.9）	2 135（15.7）	8 013（34.9）
$\sum PAH_{5\text{-ring}}$	91（0.9）	154（2.4）	83（0.6）	196（0.9）
$\sum PAH_{6\text{-ring}}$	58（0.6）	167（2.6）	35（0.3）	60（0.3）
$\sum PAH_{16}$	9 610（100）	6 394（100）	13 579（100）	22 954（100）
$\sum PAH_{7C}$	2 472（25.7）	1 383（21.6）	1 089（8.0）	4 555（19.8）

注：括注值为标准差。

3.2.5　采油区污染土壤中新型石油污染物环烷酸类物质

上述石油污染物中的多环芳烃因具有致癌、致畸和致突变的"三致"效应以及内分泌干扰效应，已经获得了研究者、管理者和公众的认同。然而，我们在研究中发现，石油污染物中导致严重生态毒性及人体健康危害的污染成分远不只多环芳烃类物质。根据我们的研究，环烷酸类物质（naphthenic acids，NAs）就具有极大的生态毒性（Wang et al.，2015a，2015c，2015d）。

环烷酸类物质是一种环烷基直链羧酸，其分子结构中一般含有一个或多个饱和环，可用通用分子式 $C_nH_{2n}+zO_2$ 来表示（图 3-8）。环烷酸类物质化学性质稳定，具有低挥发性，其稳定性和不挥发性随分子量增大而增强。环烷酸类物质分子结构中同时存在烷基憎水基团和羧基亲水基团，因而具有表面活性剂的特性。由于其结构中羧基的存在，环烷酸类物质可溶于中性或碱性的水体中，在酸性环境中为非水溶性物质，可能具有生物积累和放大效应。

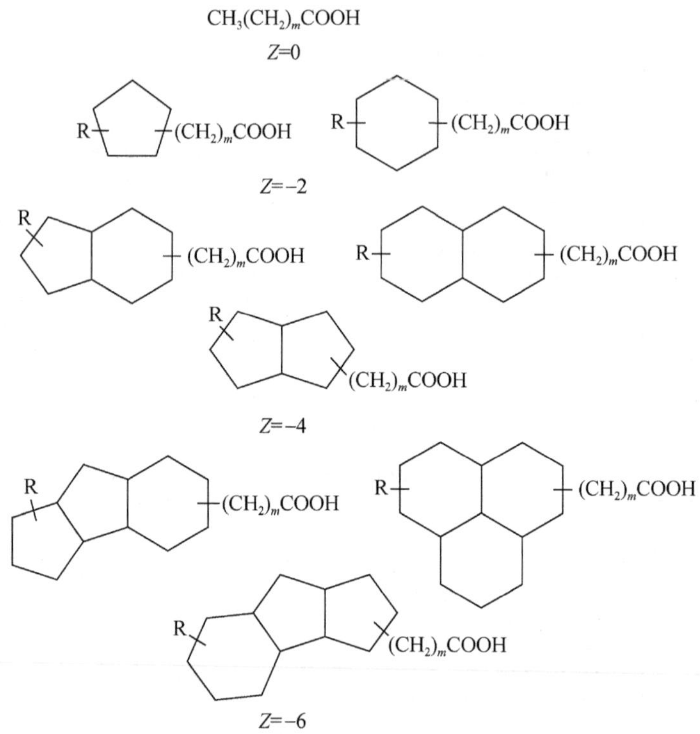
CH3(CH2)mCOOH
Z=0
R
(CH2)mCOOH
Z=−2
Z=−4
Z=−6

图 3-8　环烷酸类物质分子结构示意图

环烷酸类物质是石油中的自然成分，其在石油中所占比例约为 2%。随着石油工业的发展，大量的环烷酸类物质伴随石油工业废水排放进入到地表水和地下水中（Ross et al.，2012）。在采油区石油污染土壤中，环烷酸类物质的浓度为 2.29～132.91mg/kg（表 3-12），其浓度水平是相同采样点的多环芳烃类物质的 10 倍多（图 3-9）。

表 3-12　研究区环烷酸类含量　　单位：mg/kg

含量	大庆油田	胜利油田	克拉玛依油田	华北油田
最小值	3.35	2.32	2.85	2.29
中位数	12.23	8.29	12.88	7.38
最大值	132.91	45.91	56.95	27.57
平均值	40.08±47.67	15.03±15.51	20.34±19.75	10.29±10.31

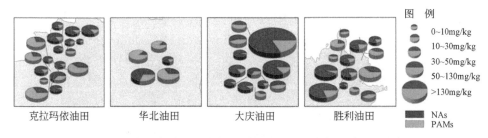

图 例
○ 0~10mg/kg
○ 10~30mg/kg
● 30~50mg/kg
● 50~130mg/kg
● >130mg/kg

■ NAs
■ PAMs

克拉玛依油田　　华北油田　　大庆油田　　胜利油田

图 3-9　主要产油区土壤中多环芳烃和环烷酸类物质相对浓度

　　土壤中环烷酸类物质具有很强的生态毒性效应。根据我们的实验室研究，在自然土壤的急性毒性试验中，环烷酸类物质暴露 7d 后，浓度高于 750μg/g 的处理组中蚯蚓全部死亡；当暴露时间增加至 14d 时，环烷酸类物质浓度为 500μg/g 的处理组中蚯蚓也出现全部死亡（Wang et al.，2015d）。长时间暴露在与现实环境相似低浓度，也会对生物产生多种健康危害。本实验室以蚯蚓为模式生物，研究了环烷酸类物质对蚯蚓抗氧化系统的影响及氧化损伤，结果表明环烷酸类物质暴露可在蚯蚓体内产生过量活性氧（reactive oxygen species，ROS），同时又会影响蚯蚓体内谷胱甘肽系统的正常工作，使得活性氧无法正常清除，引起脂质过氧化反应。此外，环烷酸的暴露还会显著诱导蚯蚓体腔细胞 DNA 断裂，并且浓度越高对细胞 DNA 的损伤程度越高（Wang et al.，2015d，2015f），见图 3-10。

　　尤其是含芳香环的环烷酸类物质分子结构与环境雌激素的分子结构非常相似，发现环烷酸能选择性的与雌激素受体结合，是一种雌激素受体激动剂，且具有一定抗雄激素作用。使用斑马鱼胚胎作为受试对象，证明环烷酸类物质能够诱导斑马鱼

环烷酸

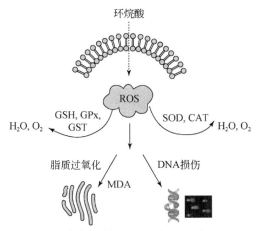

ROS

GSH, GPx, GST　　　　SOD, CAT

H_2O, O_2　　　　　　　　　H_2O, O_2

脂质过氧化　　　　　DNA损伤

MDA

(a) 环烷酸暴露发生氧化应激路径示意图

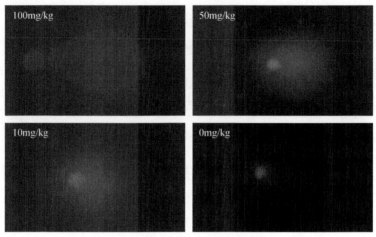

(b) 环烷酸暴露发生的氧化损伤

图 3-10　环烷酸类物质对氧化系统的影响及产生的氧化损伤

胚胎产生发育畸变，包括卵黄囊水肿 [图 3-11 (a)]、脊柱畸形 [图 3-11 (c)] 和心包水肿 [图 3-11 (d)]。对受试斑马鱼幼体中雌激素受体基因、卵黄蛋白源基因等内分泌相关基因的表达水平的测定结果也表明环烷酸类物质具有内分泌干扰活性 (Wang et al.，2015e，2015f)。

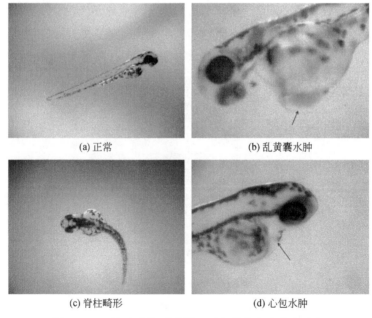

(a) 正常　　　　　　　　　　　(b) 乱黄囊水肿

(c) 脊柱畸形　　　　　　　　　(d) 心包水肿

图 3-11　环烷酸类物质诱导斑马鱼幼体产生发育畸变

目前我国对于土壤石油污染的研究虽然不少，但对于这种来自于石油污染的新型污染物的关注并不多。作为在污染土壤中浓度比多环芳烃浓度高 10 倍具有高生态毒性效应的污染物，环烷酸类物质也没有进入国家的土壤污染控制清单。在当前石油依然是主要能源物质，石油污染物还会不断积累的情况下，需要加强环烷酸类物质的研究，对于该污染物在环境中的迁移转化特征、环境基准和标准、人体健康影响等问题，进行系统深入的研究，为国家土壤污染控制的管理策略，提供科学依据。

参 考 文 献

环境保护部，国家质量监督检验检疫总局. 2008. GB 15618—2008，土壤环境质量标准（修订）.

黄昌勇. 2000. 土壤学 [M]. 北京：中国农业出版社.

全国土壤普查办公室. 1998. 中国土壤 [M]. 北京：中国农业出版社.

张桃林，鲁如坤，季国亮. 1999. 中国红壤退化机制与防治 [M]. 北京：中国农业出版社.

Caravaca F，Roldan A. 2003. Assessing changes in physical and biological properties in a soil contaminated by oil sludges under semiarid Mediterranean conditions [J]. Geoderma，117（1）：53-61.

Płaza G，Nałęcz-Jawecki G，Ulfig K，et al. 2005. The application of bioassays as indicators of petroleum-contaminated soil remediation [J]. Chemosphere，59（2）：289-296.

Ross M S，Pereira A S，Fennell J，et al. 2012. Quantitative and qualitative analysis of naphthenic acids in natural waters surrounding the Canadian oil sands industry [J]. Environmental Science & Technology，46（23）：12796-12805.

Wang J，Cao X，Chai L，et al. 2015a. Quantification and characterization of naphthenic acids in soils from oil exploration areas in China by GC/MS [J]. Analytical Methods，7（5）：2149-2154.

Wang J，Cao X，Chai L，et al. 2015d. Oxidative damage of naphthenic acids on the Eisenia fetida earthworm [J]. Environmental Toxicology，31（11）：1337-1343.

Wang J，Cao X，Huang Y，et al. 2015c. Developmental toxicity and endocrine disruption of naphthenic acids on the early life stage of zebrafish（Danio rerio）[J]. Journal of Applied Toxicology，35（12）：1493-1501.

Wang J，Cao X，Liao J，et al. 2015b. Carcinogenic potential of PAHs in oil-contaminated soils from the main oil fields across China [J]. Environmental Science and Pollution Research，22（14）：10902-10909.

Wang J，Cao X，Sun J，et al. 2015e. Disruption of endocrine function in H295R cell in vitro and in zebrafish in *vivo* by naphthenic acids ［J］. Journal of Hazardous Materials，299：1-9.

Wang J，Cao X，Sun J，et al. 2015f. Transcriptional responses of earthworm (*Eisenia fetida*) exposed to naphthenic acids in soil ［J］. Environmental Pollution，204：264-270.

第4章 中国石油产区污染土壤微生物特征

土壤中微生物数量庞大，种类极其丰富，控制着土壤中养分的分解和合成、能量循环、土壤团聚体的形成和有机质转化的类型和速度，影响土壤肥力、土壤环境质量及人类的健康（Eismann and Montuelle，1999；Paerl et al.，2003；Powell et al.，2003；Lynch et al.，2004；Wang et al.，2013）。土壤微生物群落的多样性与土壤生态系统的稳定性密切相关，是陆地生态系统多样性的重要组成部分（周桔和雷霆，2007）。不同群落组成的土壤微生物，具有特定的生态功能，影响着土壤的不同理化过程。因此，土壤微生物的群落结构和生态系统特征，反映了土壤的生物特性，是土壤质量的表征指标之一。

目前对于土壤微生物生态特征的研究方法大体上可以分为两类：一类是 20 世纪 70 年代以前基于生物或化学的方法，分析土壤可培养微生物群落的分布特征；另一类是基于现代分子生物学技术的方法，通过分析微生物特定基因片段，提供微生物组成的信息（Kirk et al.，2004）。

4.1 可培养微生物群落解析

4.1.1 可培养微生物群落结构

传统的微生物生态特征的分析方法包括平板技术法、荧光染色法、Biolog 微平板分析等，其中琼脂培养基培养法是最传统且最稳定的土壤微生物生态研究法，即在选择性培养基平板上分离培养，使用显微镜观察，通过形态特征等确定微生物的种类，直接评估多样性等，了解群落的结构。

五个研究区中大庆油田的可培养微生物总数量最多，每克土壤中平均约有 3.32×10^8 个微生物，远远高于其他油田的可培养微生物总数量，华北油田、胜利油田、江汉油田和克拉玛依油田平均微生物总数量相当。大庆油田各样点可培养微生物分布较为分散，而胜利油田分布较为集中。大庆油田的平均细菌数量和放线菌数量最多，胜利油田的平均真菌数量最多，克拉玛依油田各类菌均最少。大庆油田、华北油田、胜利油田和江汉油田整体细菌数量＞放线菌数量＞真菌数量，而克拉玛依油田放线菌数量＞细菌数量＞真菌数量。因此，可以看出大庆油田可培养微生物总数量最多，以细菌为主，群落结构较为复杂；华北油田次之，同样以细菌为主；胜利油田细菌比例占到72.7%，放线菌和真菌分布较为平均；江汉油田细菌数量大于放线菌数量大于真菌数量，真菌数量是所有研究区中最少的，克拉玛依油田可培养微生物总数量最少，以放线菌为主；细菌是各研究区的主要微生物类型（表4-1，图4-1）。

表4-1 研究区土壤各类可培养微生物平均数 单位：个/g

研究区	细菌	放线菌	真菌	总数量
大庆油田	207 916 667	122 716 667	1 503 764	332 137 098
大庆油田（空白样点）	40 000 000	3 500 000	40 000	43 540 000
华北油田	84 000 000	25 860 000	182 067	110 042 067
华北油田（空白样点）	45 000 000	8 500 000	13 000	53 513 000
胜利油田	47 083 333	11 546 026	6 176 712	64 806 071
胜利油田（空白样点）	2 000 000	0	0	2 000 000
江汉油田	65 000 000	9 166 667	2 500	74 169 167
江汉油田（空白样点）	10 000 000	1 925 000	7 500	11 932 500
克拉玛依油田	16 716 667	19 650 000	65 667	36 432 334
克拉玛依油田（空白样点）	0	0	0	0

4.1.2 可培养微生物功能群落特征

（1）微生物活性

随着时间的推移，污染土壤微生物的活性逐渐提高。在36h，华北油田微生物活性最高，各油田微生物活性相近。超过36h后，大庆油田的微生物表现出的平均活性最大，华北油田次之，克拉玛依油田的微生物活性最小（图4-2）。

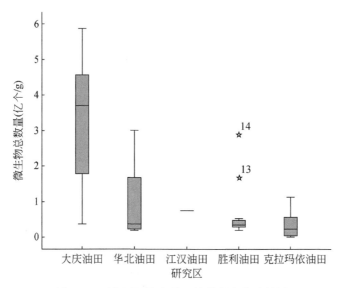

图 4-1　研究区污染土壤可培养微生物总数量

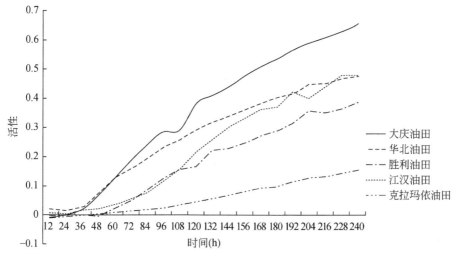

图 4-2　研究区污染土壤可培养微生物活性

（2）碳代谢功能多样性

大庆油田污染土壤中可培养微生物的碳代谢功能多样性（U）最高，华北油田次之，江汉油田次之，胜利油田与华北油田相近，克拉玛依油田微生物功能多样性最低（图 4-3）。大庆油田、华北油田、江汉油田和胜利油田整体可培养微生物碳代谢功能均匀度相近，克拉玛依油田微生物分布最均匀（图 4-4）。大庆油田、江汉油田和华北油田可培养微生物碳代谢功能优势度（D）较低，胜利油田和克拉玛依油田较高（图 4-5），与 4.2 节焦磷酸测序中胜利油田和克拉玛依油田特有 $OTU_{0.03}$（以 97%相似性为阈值聚类的操作单元）数量最多的结果一致。

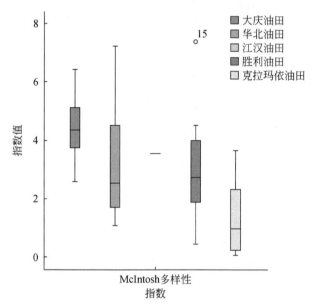

图 4-3　各研究区污染土壤可培养微生物功能多样性

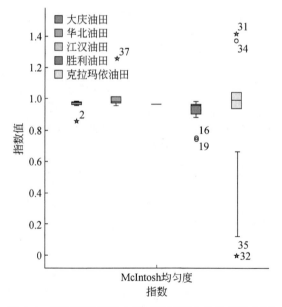

图 4-4　各研究区污染土壤可培养微生物功能均匀度

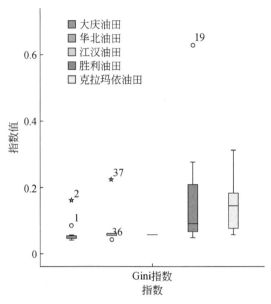

图 4-5　各研究区污染土壤可培养微生物功能优势度

　　Biolog 微平板上的 31 种碳源可分成 6 类，分别为羧酸类（9 种）、碳水化合物（7 种）、氨基酸类（6 种）、多聚物类（4 种）、胺类（2 种）、酚酸类化合物（3 种）。五个研究区中污染土壤微生物均对多聚物的利用比例最大，大庆油田、胜利油田和江汉油田对酚酸的利用比例最小，华北油田和克拉玛依油田对胺类的利用比例最小，对其他碳源种类的利用情况各个油田不一致，如克拉玛依油田对碳水化合物的利用比例相对其他油田较多，而大庆油田对氨基酸的利用比例相对其他油田较多（图 4-6）。

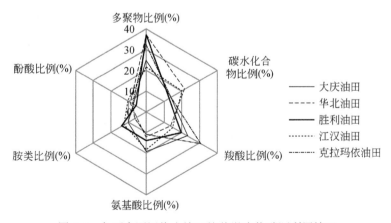

图 4-6　各研究区污染土壤可培养微生物碳源利用情况

（3）特殊功能降解菌

本研究利用培养方法检测了各油田污染土壤可降解多环芳烃（PAHs）、正十六烷（hexadecane）和总石油烃（TPH）的碳代谢功能微生物。结果表明（图 4-7），具有多环芳烃降解功能的微生物比具有正十六烷降解功能的微生物少，因为多环芳烃不易被降解。在可培养的条件下，大庆油田具有活性的多环芳烃、正十六烷和总石油烃降解菌最多，克拉玛依油田最少；华北油田具有活性的平均多环芳烃降解菌比胜利油田多，但正十六烷和总石油烃降解菌比胜利油田少。

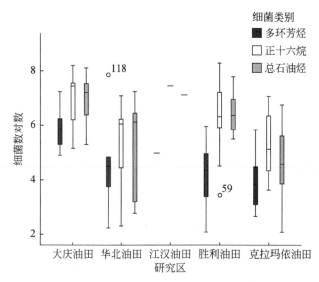

图 4-7　各研究区可污染土壤培养多环芳烃、正十六烷和总石油烃降解菌数量

4.2　基于焦磷酸测序结果的细菌群落解析

4.2.1　细菌群落结构

20 世纪 80 年代发展起来的以核酸为基础的分子生物学技术，大大减轻了对微生物培养的依赖性，并迅速地被广泛应用于微生物生态特征分析。罗氏454GsFLx 测序属于现代生物技术分析方法之一，更加适合应用于微生物群落多样性分析，也得到了广泛的应用。该方法提高了序列的长度，使得每条序列的长度大于 400bp，一次测序反应可以得到 5 亿个碱基的序列。主要原理为：待测序的

DNA 末端补平后，将接头连接上，每条序列可以与一个链霉亲和素标记磁珠连接形成独立的液滴，进行独立的聚合酶链反应（polymerase chain reaction，PCR）扩增。扩增结束后，每个磁珠可以进入平板上的一个小孔，每条序列的测序反应会单独进行。

（1）序列及 $OTU_{0.03}$ 基本特征

17 个样点测序得到的优质序列，经过平行样点合并后，以 97% 的相似性作为阈值进行 OTU 聚类，共得到 4355 个 $OTU_{0.03}$。其中大庆油田 1584 个 $OTU_{0.03}$，华北油田 1695 个 $OTU_{0.03}$，胜利油田 1618 个 $OTU_{0.03}$，克拉玛依油田 $OTU_{0.03}$ 最多，为 2100 个。

稀释性曲线是从样本中随机抽取一定数量的个体，统计这些个体所代表的物种数目，并以个体数与物种数来构建曲线（Amato et al.，2013）。它可以用来比较测序数据量不同的样本中物种的丰富度，也可以用来说明样本的测序数据量是否合理，即样品的测序深度情况。当曲线趋向平坦时，说明测序数据量合理，反之则表明继续测序还可能产生较多新的 OTU 聚类。本研究中除了 HB4 和 XJ2 有相对较为陡峭的曲线之外，大多数样品的曲线趋于平缓，说明此次测序数据量足够表达现有微生物群落的完整丰富度（图 4-8）。

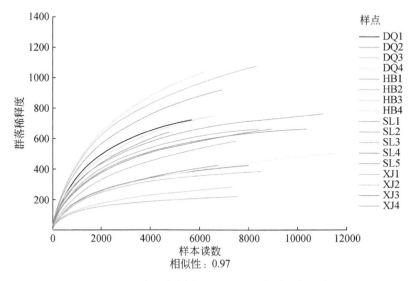

图 4-8　研究区各样点土壤细菌群落稀释度曲线

维恩图表征了各个油田之间共有的 $OTU_{0.03}$ 分布情况。在 4355 个 $OTU_{0.03}$ 中四个油田共有的 $OTU_{0.03}$ 仅有 229 个（图 4-9）。大庆油田 72.14% 的 $OTU_{0.03}$ 在其

他油田均有出现，比例最大；胜利油田拥有最多的有 $OTU_{0.03}$（49.17%）；华北油田将近一半的 $OTU_{0.03}$ 在克拉玛依油田出现；华北油田和胜利油田之间共有的 $OTU_{0.03}$ 比例最低。

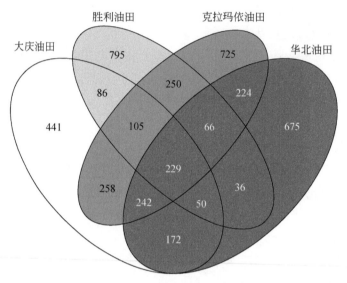

图 4-9　研究区污染土壤 $OTU_{0.03}$ 维恩图

对各油田污染土壤 $OTU_{0.03}$ 进行单因变量多因素方差分析，结果显示，各油田微生物 $OTU_{0.03}$ 分布差异性显著（$P=0.000$）（表 4-2），表明不同的石油产区污染土壤微生物群落组成差别大，地理位置是导致群落差异性的重要原因。

表 4-2　研究区污染土壤 $OTU_{0.03}$ 单因变量多因素方差分析

源	III型平方和	df	均方差	F	Sig.
校正模型	33 910.722[a]	3	11 303.574	6.488	0.000
截距	779 563.586	1	779 563.586	447.428	0.000
土样	33 910.722	3	11 303.574	6.488	0.000
误差	34 414 354.692	19 752	1 742.323		
总计	35 227 829.000	19 756			
校正的总计	34 448 265.414	19 755			

注：a 表示 $R^2=0.001$（调整 $R^2=0.001$）。

（2）微生物群落多样性

丰度指数 ACE 和 Chao1 表征估算的 OTU 聚类数目。丰度指数计算结果证实了稀释度曲线的分析结论，各油田估算的 $OTU_{0.03}$ 和实测的 $OTU_{0.03}$ 相差不大，尤其是胜利油田，测序深度最佳。克拉玛依油田污染土壤的 $ACE_{0.03}$ 和 $Chao1_{0.03}$ 值最大，分别为 2312 和 2319，华北油田次之，大庆油田和胜利油田的丰度指数 ACE 与 Chao1 相近（表 4-3）。大庆油田、华北油田、胜利油田和克拉玛依油田的 Shannon 多样性指数分别为 5.515、5.847、5.826 和 6.185，Simpson 多样性指数分别为 0.015、0.011、0.008、0.009。各油田污染土壤的细菌物种多样性均较高，其中克拉玛依油田最高，而大庆油田最低。

表 4-3   研究区污染土壤细菌群落多样性指数

研究区	$OTU_{0.03}$	$Chao1_{0.03}$	$ACE_{0.03}$	Shannon	Simpson
大庆油田	1584	1796	1824	5.515	0.015
华北油田	1695	2084	2108	5.847	0.011
胜利油田	1621	1787	1808	5.826	0.008
克拉玛依油田	2100	2319	2312	6.185	0.009

（3）微生物物种组成（分类学分析）

五个油田污染土壤一共检测出 35 个门类、92 个纲类和 606 个属类的微生物物种。大庆油田 22 155 条可分类的序列产生了 23 个门类、62 个纲类和 332 个属类微生物，华北油田 11 675 条可分类的序列产生了 21 个门类、51 个纲类和 331 个属类微生物，胜利油田 24 397 条可分类的序列产生了 32 个门类、66 个纲类和 352 个属类微生物，克拉玛依油田 25 747 条可分类的序列产生了 28 个门类、66 个纲类和 409 个属类微生物。

在门分类水平，污染土壤占主导地位的 9 类细菌是：变形菌门 Proteobacteria（38.33%）、放线菌门 Actinobacteria（23.30%）、拟杆菌门 Bacteroidetes（11.13%）、厚壁菌门 Firmicutes（5.33%）、酸杆菌门 Acidobacteria（4.01%）、绿弯菌门 Chloroflexi（3.84%）、芽单胞菌门 Gemmatimonadetes（3.00%）、浮霉菌门 Planctomycetes（2.64%）和 Candidate_division_TM7（2.61%）。作为第一优势门类，Proteobacteria 具有多样化的形态和功能。从图 4-10 中可以看出，不同油田的细菌门类物种分布不均匀。大庆油田 23 个门类中占优势的是 Proteobacteria（49.69%）、Actinobacteria（21.47%）和 Bacteroidetes（10.11%）。华北油田 21 个门类中占优势的是 Actinobacteria（50.86%）和 Proteobacteria（28.10%）。胜利油田 32 个门类中占优势的是 Proteobacteria（42.31%）、Bacteroidetes（24.29%）、Actinobacteria（6.60%）、

TM7（5.13%）和 Candidate_division_OD1（5.01%）。克拉玛依油田 28 个门类中占优势的是 Proteobacteria（42.31%）、Actinobacteria（23.35%）、Firmicutes（16.05%）、Chloroflexi（6.25%）、Acidobacteria（6.13%）和 Bacteroidetes（5.88%）。与其他油田第一优势门类均为 Proteobacteria 不同，华北油田第一优势门为 Actinobacteria，所占比例达到了 51%。大庆油田、华北油田和克拉玛依油田 Bacteroidetes 的比例相对较低，而胜利油田其比例达到了 24.39%。所有油田共有的门类有蓝藻菌门 Cyanobacteria（0.65%）、Deinococcus-Thermus（0.61%）、疣微菌门 Verrucomicrobia（0.61%）、硝化螺旋菌门 Nitrospirae（0.42%）、Candidate_division_BRC1（0.31%）、TA06（0.24%）、绿菌门 Chlorobi（0.08%）和 JL-ETNP-Z39（0.03%）。WCHB1-60 只出现在大庆油田，RF3 只出现在胜利油田。

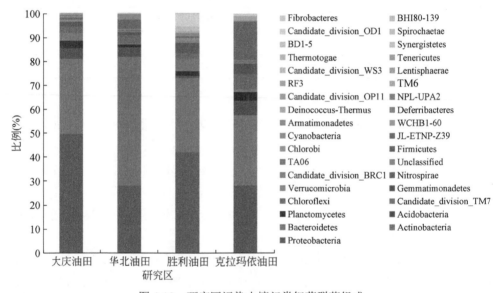

图 4-10　研究区污染土壤门类细菌群落组成

在纲分类水平，污染土壤占主导地位的微生物为 r-变形菌纲 Gammaproteobacteria（22.21%）、放线菌纲 Actinobacteria（17.69%）、a-变形菌纲 Alphaproteobacteria（11.88%）、噬纤维菌纲 Cytophagia（6.48%）、芽孢杆菌纲 Bacilli（4.43%）、鞘脂杆菌纲 Sphingobacteriia（3.54%）、δ-变形菌纲 Deltaproteobacteria（3.54%）、酸杆菌纲 Acidobacteria（2.75%）、芽孢菌纲 Gemmatimonadetes（2.62%）、黄杆菌纲 Flavobacteria（2.11%），其中 Gammaproteobacteria、Alphaproteobacteria 和 Deltaproteobacteria 均属于 Proteobacteria。本研究用位于前 40 位的纲类微生物绘

制了层次聚类双树状图，使得研究区纲类物种特异性分布可视化，颜色的变化表征比例的变化（图4-11）。

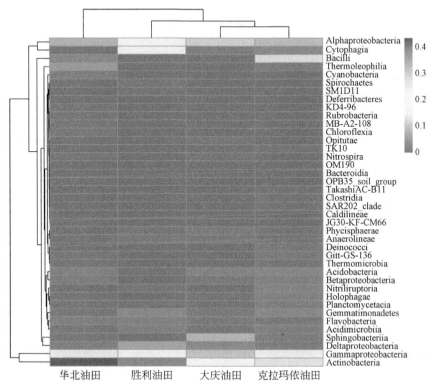

图4-11 研究区污染土壤位于前40位的纲类细菌分布

大庆油田所占比例较多的是 Gammaproteobacteria、Actinobacteria 和 Alphaproteobacteria，华北油田所占比例较多的是 Actinobacteria、Gammaproteobacteria 和 Alphaproteobacteria，胜利油田所占比例较多的是 Gammaproteobacteria、Cytophagia 和 Alphaproteobacteria，克拉玛依油田所占比例较多的是 Gammaproteobacteria、Actinobacteria 和 Bacilli。Bacilli 在克拉玛依油田中的所占比例（13.79%）远远大于其他油田，胜利油田中的 Cytophagia 情况也是如此。作为一种在其他油田普遍存在的物种 Actinobacteria 在胜利油田却比较稀少。属于稀少物种（<1.00%），但在所有油田中均存在的物种有 ML635J-21、S085 和绿菌纲 Chlorobia。

将污染土壤位于前 20 位的属分类水平细菌列于表 4-4，其中有 9 类属于 Actinobacteria，8 类属于 Proteobacteria，链霉菌属 Streptomyces 是最优势属（表4-4）。大庆油田比例最大的 3 个属类为 Streptomyces（10.46%）、Hydrocarboniphaga

（5.85%）和 *Parvibaculum*（2.97%），华北油田比例最大的 3 个属类为 *Streptomyces*（14.45%）、*Mycobacterium*（10.00%）和迪茨氏菌属 *Dietzia*（5.03%），胜利油田比例最大的 3 个属类为 *Gracilimonas*（7.56%）、*Alcanivorax*（5.85%）和 *Pelagibius*（2.96%），克拉玛依油田比例最大的 3 个属类为 *Marinobacter*（6.22%）、*Halomonas*（6.04%）和 *Alcanivorax*（4.84%）（表 4-5）。各油田有 9.94%～18.47%的特有属类。*Halothiobacillus* 和 *Sediminibacter* 只出现在胜利油田，而且比例较高，分别达到了 1.01%和 0.94%。*Haloactinosporathe* 只出现在克拉玛依油田，比例达到了 1.07%。

表 4-4 研究区污染土壤位于前 20 位的属类细菌 单位：%

属	科	目	纲	门	比例
Streptomyces	Streptomycetaceae	Streptomycetales	Actinobacteria	Actinobacteria	5.39
Alcanivorax	Alcanivoracaceae	Oceanospirillales	Gammaproteobacteria	Proteobacteria	3.29
Mycobacterium	Mycobacteriaceae	Corynebacteriales	Actinobacteria	Actinobacteria	2.60
Marinobacter	Alteromonadaceae	Alteromonadales	Gammaproteobacteria	Proteobacteria	2.12
Gracilimonas	Family_Incertae_Sedis	Order_III_Incertae_Sedis	Cytophagia	Bacteroidetes	2.07
Halomonas	Halomonadaceae	Oceanospirillales	Gammaproteobacteria	Proteobacteria	1.89
Promicromonospora	Promicromonosporaceae	Micrococcales	Actinobacteria	Actinobacteria	1.47
Hydrocarboniphaga	Nevskiaceae	Xanthomonadales	Gammaproteobacteria	Proteobacteria	1.46
Dietzia	Dietziaceae	Corynebacteriales	Actinobacteria	Actinobacteria	1.38
Nocardioides	Nocardioidaceae	Propionibacteriales	Actinobacteria	Actinobacteria	1.21
Actinophytocola	Pseudonocardiaceae	Pseudonocardiales	Actinobacteria	Actinobacteria	1.02
Rhodovibrio	Rhodospirillaceae	Rhodospirillales	Alphaproteobacteria	Proteobacteria	1.00
Bacillus	Bacillaceae	Bacillales	Bacilli	Firmicutes	0.99
Pelagibius	Rhodospirillaceae	Rhodospirillales	Alphaproteobacteria	Proteobacteria	0.92
Parvibaculum	Rhodobiaceae	Rhizobiales	Alphaproteobacteria	Proteobacteria	0.88
Rhodococcus	Nocardiaceae	Corynebacteriales	Actinobacteria	Actinobacteria	0.85
Salinimicrobium	Flavobacteriaceae	Flavobacteriales	Flavobacteria	Bacteroidetes	0.72
Nitriliruptor	Nitriliruptoraceae	Nitriliruptorales	Nitriliruptoria	Actinobacteria	0.71
Saccharopolyspora	Pseudonocardiaceae	Pseudonocardiales	Actinobacteria	Actinobacteria	0.69
C1-B045	Alteromonadaceae	Alteromonadales	Gammaproteobacteria	Proteobacteria	0.66

表 4-5 各研究区污染土壤位于前 20 位的属类细菌 单位：%

大庆油田	比例	华北油田	比例	胜利油田	比例	克拉玛依油田	比例
Streptomyces	10.46	Streptomyces	14.45	Gracilimonas	7.56	Marinobacter	6.22
Hydrocarboniphaga	5.85	Mycobacterium	10.00	Alcanivorax	5.85	Halomonas	6.04
Parvibaculum	2.97	Dietzia	5.03	Pelagibius	2.96	Alcanivorax	4.84
Promicromonospora	2.44	Nocardioides	4.71	Rhodovibrio	2.68	Bacillus	2.89
Mycobacterium	1.67	Promicromonospora	4.47	Marinicella	2.22	Actinophytocola	2.20
C1-B045	1.58	Rhodococcus	3.44	Fodinicurvata	1.84	Nitriliruptor	1.70
Pseudosphingobacterium	1.52	Saccharopolyspora	1.73	Parvularcula	1.46	Dietzia	1.37
Blastocatella	1.49	Marmoricola	1.61	Methylohalomonas	1.39	Saccharopolyspora	1.26
Epilithonimonas	1.30	Skermanella	1.49	Marinobacter	1.11	Defluviicoccus	1.25
Alcanivorax	1.14	Salinimicrobium	1.48	*Halothiobacillus*[a]	1.01	Planctomyces	1.21
Actinophytocola	1.07	Alkanindiges	1.44	Tistlia	0.98	Saccharomonospora	1.18
Flexibacter	1.01	Blastococcus	1.18	*Sediminibacter*[a]	0.94	Truepera	1.15
Pseudoxanthomonas	0.98	Pseudomonas	0.94	Nocardioides	0.89	Salinimicrobium	1.12
Nocardia	0.94	Anoxybacillus	0.92	Roseovarius	0.82	Flavitalea	1.09
Altererythrobacter	0.80	Quadrisphaera	0.89	Nitriliruptor	0.78	*Haloactinospora*[b]	1.07
Phenylobacterium	0.79	Arthrobacter	0.81	C1-B045	0.77	Luteimonas	0.91
Rhodovibrio	0.78	Solirubrobacter	0.78	Salegentibacter	0.75	Planococcus	0.88
Rhizobium	0.72	Streptomonospora	0.74	Erythrobacter	0.73	Planomicrobium	0.77
Opitutus	0.69	Bacillus	0.70	Halovibrio	0.56	Ferrovibrio	0.71
Zeaxanthinibacter	0.67	Microbacterium	0.69	Mycobacterium	0.55	Euzebya	0.66

注：a 为胜利油田特有属类；b 为克拉玛依油田特有属类

4.2.2 功能细菌群落特征

通过检索已有研究，发现大量具有污染降解功能和营养循环功能的细菌，出现在测试的石油污染土壤中，但位于不同地理位置的土壤功能细菌分布情况各异。

在门分类水平，Proteobacteria 被大量发现在各类石油污染土壤环境中，功能强大，参与了全球碳、氮、硫循环和重金属降解过程，尤其是碳氢化合物、纤维素和几丁质的降解（Kersters et al.，2006；Janssen，2006）。Verrucomicrobia、Chloroflexi 和 Planctomycetes 参与了碳、氮循环（Janssen，2006；Wagner and Horn，2006；Nunes et al.，2009；Yu et al.，2011）。Bacteroidetes 可以降解复杂的复合物（Youssef and Elshahed，2009）。Actinobacteria 具有降解有机质的功能，如碳氢化合物、纤维素和几丁质（Lacey，1973；Saul et al.，2005；Yu et al.，2011；Lienhard et al.，2013）。Firmicutes 和 Acidobacteria 参与了碳循环，并且被认为是优秀的石油降解菌（Janssen，2006；Yu et al.，2011；Ma et al.，2013；Lienhard et al.，2013）。Nitrospiraeia 是一种亚硝酸盐氧化菌，在氮循环中发挥重要作用。四个油田中，大庆油田和克拉玛依油田具有上述功能的门类微生物数量多于华北油田和胜利油田（图 4-12）。大庆油田 Proteobacteria 优势明显，克拉玛依油田 Firmicutes 和 Planctomycetes 优势明显，胜利油田 Nitrospirae 数量特别低。

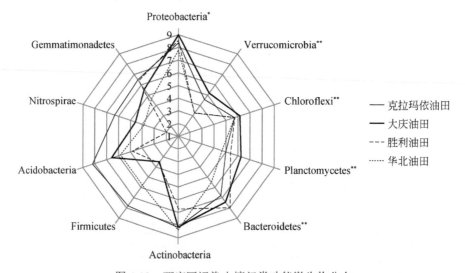

图 4-12　研究区污染土壤门类功能微生物分布

注：与原点距离为序列数自然对数值；＊参与碳、氮、硫和重金属代谢；＊＊参与碳和氮代谢

在纲分类水平，Proteobacteria 下的 Alpfaproteobacteria、β-变形菌纲 Betaproteobacteria、Gammaproteobacteria 和 Deltaproteobacteria 可以利用不同种类的碳源，同时具有固氮功能（Vishnivetskaya et al.，2006；Bernhard et al.，2007；Yu et al.，2011；Lienhard et al.，2013）。Verrucomicrobiae 参与了土壤的碳、氮循环，Actinobacteria 只参与了土壤碳循环（Ma et al.，2013）。Rubrobacteria 可以抵抗伽马射线和干燥（Yoshinaka et al.，1973；Singleton et al.，2003）。在干旱的土壤中

发现了大量的 Gemmatimonadetes（DeBruyn et al.，2011）。胜利油田有最丰富的
Alphaproteobacteria 和 Deltaproteobacteria，大庆油田有最丰富的 Gammapro-
teobacteria，克拉玛依油田有最丰富的 Betaproteobacteria。Verrucomicrobiae 只存
在于大庆油田和胜利油田，Rubrobacteria 只存在于华北油田和克拉玛依油田。
Gemmatimonadetes 在环境最干旱的克拉玛依油田最普遍。

在科分类水平，属于 Proteobacteria 的 Sphingomonadaceae、Pseudomonadaceae
和 Caulobacteraceae 被证明具有很强的多环芳烃降解能力，属于 Actinobacteria 的
Nocardiaceae 也是一种碳氢化合物降解菌（Sorkhoh et al.，1992；Whyte et al.，1997；
Braz and Marques，2005；Hu et al.，2005；Radwan et al.，2005；Aislabie et al.，
2006）。Sphingomonadaceae 和 Caulobacteraceae 在大庆油田中大量存在，而
Pseudomonadaceae 和 Nocardiaceae 在华北油田中更为丰富。

在属分类水平（表 4-6），*Nitrosospira*、*Nitrospira*、*Opitutus* 和 *Rhizobium* 等
参与了氮循环（Chin et al.，2001；Camargo et al.，2003；Ye et al.，2006；Cheng et
al.，2008）。*Gemmatimonas* 是一种多磷酸盐聚集细菌，和磷代谢有关（DeBruyn et
al.，2011）。*Desulfobacca* 是硫和硫酸盐还原菌。*Geobacter*、*Pseudomonas*、
Marinobacter、*Geobacillus* 和 *Hyphomicrobium* 等是石油降解菌（Sorkhoh et al.，
1992；Li et al.，2000；Westerberg et al.，2000；Magot，et al.，2000；Hara et al.，
2003；He et al.，2003；Radwan et al.，2005；Saul et al.，2005；Yakimov et al.，
2005；Brito et al.，2006；Gu et al.，2007；Cheng et al.，2008；Wang et al.，2008；
Bordoloi and Konwar，2009；Zhang et al.，2010）。大庆油田与氮代谢相关的功能
属较多，而克拉玛依油田拥有大量的石油降解菌（图 4-13）。华北油田有大量的碳
氢化合物降解菌 *Mycobacterium*，胜利油田有大量的烷烃降解菌 *Alcanivorax*。华
北油田没有 *Desulfuromonas*，胜利油田没有 *Gemmatimonas*。

表 4-6　属类功能微生物分类学体系及其功能

属	科	目	纲	门	功能
Luteimonas	Xanthomonadaceae	Xanthomonadales	Gammaproteobacteria	Proteobacteria	碳循环菌
Acinetobacter	Moraxellaceae	Pseudomonadales	Gammaproteobacteria	Proteobacteria	碳氢化合物降解菌
Mycobacterium	Mycobacteriaceae	Corynebacteriales	Actinobacteria	Actinobacteria	碳氢化合物降解菌
Nocardia	Nocardiaceae	Corynebacteriales	Actinobacteria	Actinobacteria	碳氢化合物降解菌
Prosthecobacter	Verrucomicrobiaceae	Verrucomicrobiales	Verrucomicrobiae	Verrucomicrobia	有机酸降解菌

续表

属	科	目	纲	门	功能
Arthrobacter	Micrococcaceae	Micrococcales	Actinobacteria	Actinobacteria	对氯苯酚降解菌
Alcanivorax	Alcanivoracaceae	Oceanospirillales	Gammaproteobacteria	Proteobacteria	烷烃降解菌
Achromobacter	Alcaligenaceae	Burkholderiales	Betaproteobacteria	Proteobacteria	石油降解菌
Bacillus	Bacillaceae	Bacillales	Bacilli	Firmicutes	石油降解菌
Clostridium	Clostridiaceae	Clostridiales	Clostridia	Firmicutes	石油降解菌
Flavobacterium	Flavobacteriaceae	Flavobacteriales	Flavobacteria	Bacteroidetes	石油降解菌
Fusibacter	Family_XII_Incertae_Sedis	Clostridiales	Clostridia	Firmicutes	石油降解菌
Geobacillus	Bacillaceae	Bacillales	Bacilli	Firmicutes	石油降解菌
Geobacter	Geobacteraceae	Desulfuromonadales	Deltaproteobacteria	Proteobacteria	石油降解菌
Hyphomicrobium	Hyphomicrobiaceae	Rhizobiales	Alphaproteobacteria	Proteobacteria	石油降解菌
Lactobacillus	Lactobacillaceae	Lactobacillales	Bacilli	Firmicutes	石油降解菌
Marinobacter	Alteromonadaceae	Alteromonadales	Gammaproteobacteria	Proteobacteria	石油降解菌
Pseudomonas	Pseudomonadaceae	Pseudomonadales	Gammaproteobacteria	Proteobacteria	石油降解菌
Sphingomonas	Sphingomonadaceae	Sphingomonadales	Alphaproteobacteria	Proteobacteria	石油降解菌
Rhodococcus	Nocardiaceae	Corynebacteriales	Actinobacteria	Actinobacteria	石油降解菌
Variovorax	Comamonadaceae	Burkholderiales	Betaproteobacteria	Proteobacteria	石油降解菌
Xanthobacter	Xanthobacteraceae	Rhizobiales	Alphaproteobacteria	Proteobacteria	石油降解菌
Xanthomonas	Xanthomonadales	Xanthomonadales	Gammaproteobacteria	Proteobacteria	石油降解菌
Opitutus	Opitutaceae	Opitutales	Opitutae	Verrucomicrobia	氮循环菌
Nitrospira	Nitrospiraceae	Nitrospirales	Nitrospira	Nitrospirae	硝化菌
Nitrosospira	Nitrosomonadaceae	Nitrosomonadales	Betaproteobacteria	Proteobacteria	硝化菌
Bradyrhizobium	Bradyrhizobiaceae	Rhizobiales	Alphaproteobacteria	Proteobacteria	固氮菌
Rhizobium	Rhizobiaceae	Rhizobiales	Alphaproteobacteria	Proteobacteria	固氮菌
Mesorhizobium	Phyllobacteriaceae	Rhizobiales	Alphaproteobacteria	Proteobacteria	固氮菌
Desulfuromonas	Desulfuromonadaceae	Desulfuromonadales	Deltaproteobacteria	Proteobacteria	硫和硫酸盐还原菌
Gemmatimonas	Gemmatimonadaceae	Gemmatimonadales	Gemmatimonadetes	Gemmatimonadetes	多聚磷酸盐聚集菌

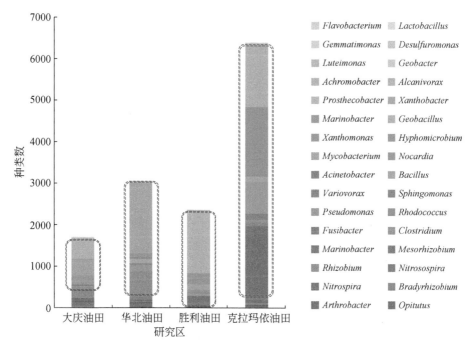

图 4-13 研究区污染土壤属类功能微生物分布

注：虚线框中为参与碳代谢的属类

4.2.3 直链烷烃和多环芳烃降解群落结构

（1）*alkB* 和 *nah* 基因的丰度

本书的研究中，使用了荧光定量 PCR 测定克拉玛依油田和大庆油田土壤样品中石油烃降解基因 *alkB* 和 *nah* 的丰度，在采样区域内，两种基因的含量都表现出了非常明显的差异（图 4-14）。*alkB* 基因丰度在大庆油田土壤中为 $2.56 \times 10^6 \sim 9.37 \times 10^7$ 拷贝数/g 干燥土壤，而在克拉玛依油田土壤中这一数值为 $7.48 \times 10^5 \sim 6.63 \times 10^7$ 拷贝数/g。在大庆油田土壤中，*alkB* 基因的最高和最低丰度分别出席在 DQ5 和 DQ4 样品中。而在克拉玛依油田中，脂肪烃污染最为严重的 XJ5 采样点 *alkB* 基因的丰度也明显高于其他四个采样点。

nah 基因丰度在大庆油田土壤中为 $2.76 \times 10^6 \sim 2.29 \times 10^7$ 拷贝数/g 干燥土壤，在克拉玛依油田土壤中则是 $5.65 \times 10^5 \sim 1.93 \times 10^7$ 拷贝。在大庆油田中 DQ4 的 *nah* 基因丰度最高。而与 DQ1 相比，DQ3 尽管脂肪烃含量很高，但 *nah* 基因的丰度

较低。而 XJ5 与克拉玛依油田其他四个样品相比，*nah* 基因丰度明显较高。此外，在克拉玛依油田和大庆油田中，都出现了 *alkB* 与 *nah* 基因之比明显提高的现象。

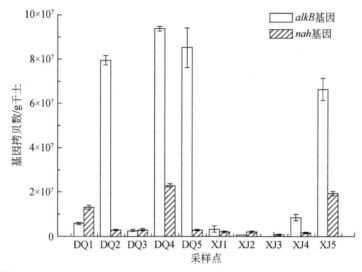

图 4-14　*alkB* 和 *nah* 基因的丰度

研究中计算了 Pearson 相关性系数，以说明 *alkB* 和 *nah* 基因丰度与土壤理化性质的相关性。大庆油田土壤中 *nah* 基因的丰度与总氮显著相关（$P<0.05$），而 *alkB* 基因的丰度与理化性质并无显著关联。此外，克拉玛依油田、土壤中 *alkB* 和 *nah* 基因与盐度、脂肪烃含量、芳香烃含量和沥青质含量均显著正相关（$P<0.05$）。

（2）*alkB* 和 *nah* 基因的多样性

本研究中，从克拉玛依油田和大庆油田土壤样品中共得到 290 条 *alkB* 克隆序列和 235 条 *nah* 克隆序列，对应的基因克隆文库在 97% 相似度下分别含有 5～24 个和 2～11 个 OTU 聚类，趋于平缓的稀释性曲线说明抽样量足够。*alkB* 基因的多样性在采样区域内的不同采样点有较为明显的差异，在大庆油田和克拉玛依油田土壤中，Shannon 指数的变化范围分别为 1.37～3.16 和 1.12～2.48。*nah* 基因也显示出类似的情况，其中 DQ1 的多样性明显低于大庆油田其他四个采样点，而 XJ1 的 *nah* 基因多样性则明显高于其他样点。此外，除 XJ1 之外，总体上 *alkB* 的多样性明显高于 *nah*。

Pearson 相关性分析表明，在大庆油田土壤中，*alkB* 基因的 Shannon 指数与土壤总钾显著正相关（$P<0.05$），而与总磷和碳氮比显著负相关（$P<0.05$）。在克拉玛依油田土壤中，*alkB* 的 Shannon 指数也与总钾和 pH 呈显著正相关（$P<0.05$）。

在两个采样区域，*nah* 基因的多样性与土壤理化性质均未有显著相关。

（3）*alkB* 基因和 *nah* 基因采样点间的比较

在本研究中，采用的 Jackknife 环境聚类分析以阐明土壤中直链烷烃和多环芳烃降解群群落的差异。

对于直链烷烃降解菌，样品 XJ1、XJ2 和 XJ3 聚类到一起，但它们与其他克拉玛依油田土壤样品有较远的进化距离 [图 4-15（a）]。样品 DQ1、DQ2 和 DQ5 与 XJ4 聚类到一起，但与 DQ3 和 DQ4 也有着明显的差异。对于多环芳烃降解菌，样品 DQ2、DQ3 和 DQ5 与 XJ1 聚类到一起，它们与 XJ2 和 XJ5 则有着较大的差异 [图 4-15（b）]。

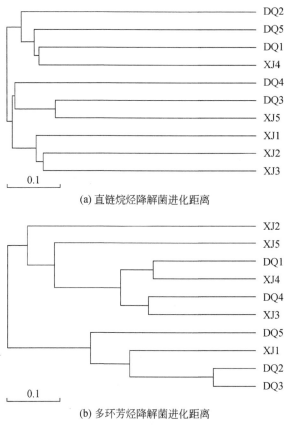

(a) 直链烷烃降解菌进化距离

(b) 多环芳烃降解菌进化距离

图 4-15　土壤中直链烷烃和多环芳烃降解群落的差异

这些结果表明，直链烷烃和多环芳烃降解群落在研究的土壤样品中都存在较大的差异。此外，不同地理区域的土壤同样可能具有较为相似的直链烷烃和多环芳烃降解菌群落结构。

4.3 石油污染对微生物群落的影响

4.3.1 石油污染对微生物群落结构的影响

（1）可培养微生物群落结构的影响

大庆油田空白样点每克土壤中存在约 0.44 亿个活菌，其中每克土壤中存在细菌约 0.4 亿个，放线菌约 0.035 亿个，真菌约 4 万个；华北油田空白样点每克土壤中存在约 0.54 亿个活菌，其中每克土壤中存在细菌约 0.45 亿个，放线菌约 0.085 亿个，真菌约 1.3 万个，细菌和放线菌在所有研究区空白样点中最多；胜利油田空白样点每克土壤中存在约 0.02 亿个活菌，仅为细菌；克拉玛依油田空白样点没有培养出微生物（表 4-7）。

表 4-7 研究区污染土壤与未污染土壤各类可培养微生物及微生物总数量　　单位：10^6 个/g

研究区	细菌	放线菌	真菌	总数量
大庆油田	207.92	122.72	1.50	332.14
大庆油田（空白样点）	40.00	3.50	0.04	43.54
华北油田	84.00	25.86	0.18	110.04
华北油田（空白样点）	45.00	8.50	0.01	53.51
胜利油田	47.08	11.55	6.18	64.81
胜利油田（空白样点）	2.00	0	0	2.00
克拉玛依油田	16.72	19.65	0.066	36.43
克拉玛依油田（空白样点）	0	0	0	0

对每个研究区污染土壤各样点的不同菌种数量与对应的空白样点微生物数量进行方差分析（表 4-7～表 4-11），大庆油田 $F_{土样}$ 值为 41.345，$F_{菌类}$ 值为 22.600，显著水平均是 0.000，即 $P_{土样}<0.05$ 且 $P_{菌类}<0.05$，所以大庆油田污染土壤与无污染土壤微生物数量以及不同的菌类（细菌、放线菌和真菌）间存在显著差异；华北油田 $F_{土样}$ 值为 0.994，$F_{菌类}$ 值为 4.157，显著水平均分别是 0.328 和 0.027，即 $P_{土样}>0.05$ 且 $P_{菌类}<0.05$，所以华北油田污染土壤与无污染土壤微生物数量不存

在显著差异，原因是未受污染土壤本身为农田土壤，微生物较为丰富，而不同的菌类（细菌、放线菌和真菌）间存在显著差异；胜利油田 $F_{土样}$ 值为 6.832，$F_{菌类}$ 值为 2.839，显著水平分别是 0.011 和 0.065，即 $P_{土样}<0.05$，而 $P_{菌类}>0.05$，所以胜利油田污染土壤与无污染土壤微生物数量差异性显著，但不同的菌类（细菌、放线菌和真菌）间差异性不显著；克拉玛依油田 $F_{土样}$ 值为 11.348，$F_{菌类}$ 值为 2.861，显著水平分别是 0.001 和 0.066，即 $P_{土样}<0.05$，而 $P_{菌类}>0.05$，所以克拉玛依油田污染土壤与无污染土壤微生物数量存在显著差异，而不同的菌类（细菌、放线菌和真菌）间不存在显著差异。这些分析结果说明，石油污染会提高土壤中可培养微生物数量，显著提高本身微生物不丰富土壤的可培养微生物数量。

表 4-8 大庆油田土壤微生物方差分析结果

源	III 型平方和	df	均方	F	Sig.
校正模型	3.487×10^{17}	3	1.162×10^{17}	28.848	0.000
截距	2.823×10^{17}	1	2.823×10^{17}	70.059	0.000
土样	1.666×10^{17}	1	1.666×10^{17}	41.345	0.000
菌类	1.821×10^{17}	2	9.105×10^{16}	22.600	0.000
误差	2.740×10^{17}	68	4.029×10^{15}		
总计	9.049×10^{17}	72			
校正的总计	6.227×10^{17}	71			

注：$R^2=0.560$（调整 $R^2=0.541$）

表 4-9 华北油田土壤微生物方差分析结果

源	III 型平方和	df	均方	F	Sig.
校正模型	2.493×10^{16}	3	8.308×10^{15}	3.103	0.044
截距	2.229×10^{16}	1	2.229×10^{16}	8.324	0.008
土样	2.663×10^{15}	1	2.663×10^{15}	0.994	0.328
菌类	2.226×10^{16}	2	1.113×10^{16}	4.157	0.027
误差	6.963×10^{16}	26	2.678×10^{15}		
总计	1.168×10^{17}	30			
校正的总计	9.455×10^{16}	29			

注：$R^2=0.264$（调整 $R^2=0.179$）

表 4-10　胜利油田土壤微生物方差分析结果

源	III 型平方和	df	均方	F	Sig.
校正模型	1.565×10^{16}	3	5.217×10^{15}	4.170	0.009
截距	9.670×10^{15}	1	9.670×10^{15}	7.730	0.007
土样	8.547×10^{15}	1	8.547×10^{15}	6.832	0.011
菌类	7.104×10^{15}	2	3.552×10^{15}	2.839	0.065
误差	9.258×10^{16}	74	1.251×10^{15}		
总计	1.179×10^{17}	78			
校正的总计	1.082×10^{17}	77			

注：$R^2 = 0.145$（调整 $R^2 = 0.110$）

表 4-11　克拉玛依油田土壤微生物方差分析结果

源	III 型平方和	df	均方	F	Sig.
校正模型	3.328×10^{15}	3	1.109×10^{15}	5.690	0.002
截距	2.212×10^{15}	1	2.212×10^{15}	11.348	0.001
土样	2.212×10^{15}	1	2.212×10^{15}	11.348	0.001
菌类	1.116×10^{15}	2	5.578×10^{14}	2.861	0.066
误差	1.092×10^{16}	56	1.949×10^{14}		
总计	1.646×10^{16}	60			
校正的总计	1.424×10^{16}	59			

注：$R^2 = 0.234$（调整 $R^2 = 0.193$）

（2）对基于焦磷酸测序结果的细菌群落结构的影响

各油田污染土壤实测 $OTU_{0.03}$ 和估算 OTU（$ACE_{0.03}$，$Chao1_{0.03}$）均小于未污染土壤，大庆油田土壤被污染后 $Chao1_{0.03}$ 增加了 80.32%，华北油田增加了 44.62%。多样性指数的变化与 OTU 聚类数目变化相反，土壤受到石油污染之后，微生物多样性反而降低。大庆油田土壤污染后细菌 Shannon-Wiener 多样性指数由 6.031 降低到 5.515，华北油田由 6.503 降低到 5.847（图 4-16）；被石油污染后，大庆油田土壤中细菌 Simpson 多样性指数由 0.04 增加到 0.015，华北油田由 0.03 增加到 0.011。由于石油进入土壤后，破坏了理化环境，对微生物造成直接或间接影响，使得能够适应污染环境的微生物大量存活，淘汰了对营养物质要求更高的物种，因此微生物数量增加，多样性下降。

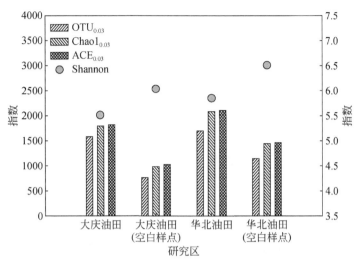

图 4-16　研究区污染土壤与未污染土壤细菌α-多样性特征

在门分类水平，作为土壤最优势的门类微生物，石油污染后 Proteobacteria 在大庆油田和华北油田中的比例变化并不一致，大庆油田 Proteobacteria 比例增加而华北油田比例下降。比例变化较为明显且有规律可循的优势门类微生物有 Actinobacteria、Acidobacteria、Chloroflexi、Gemmatimonadetes、Nitrospirae 和 Planctomycetes 等（图 4-17）。石油污染后，Actinobacteria、Bacteroidetes 和 Candidate_division_TM7 在土壤中的比例大幅度增加，其中 Actinobacteria 在华北油田土壤中增加了 121.00%；Acidobacteria、Chloroflexi、Gemmatimonadetes、

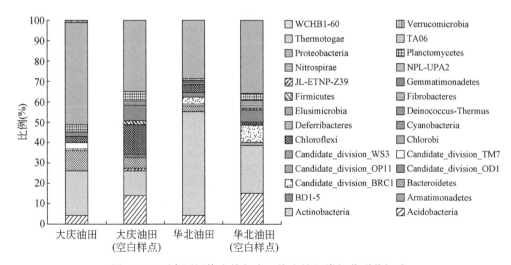

图 4-17　研究区污染土壤与未污染土壤门类细菌群落组成

Nitrospirae 和 Planctomycetes 比例则均降低。BD1-5 和 Candidate_division_OD1 少量存在于未污染土壤中，污染后则不能检测到；Candidate_division_BRC1 和 TA06 在未污染土壤中不存在，但出现在污染土壤中，且比例大于 0.3%。

在纲分类水平，土壤中 Actinobacteria 和 Gammaproteobacteria 在污染后大幅度增加，大庆油田中的 Actinobacteria 由 6.71% 增加到 19.57%，Gammaproteobacteria 由 4.39% 增加到 31.63%，成为第一优势纲类微生物；华北油田中的 Actinobacteria 由 13.05% 增加到 43.47%，成为第一优势纲类微生物，Gammaproteobacteria 由 3.18% 增加到 15.19%。除去以上增加比例最大的两类微生物，对其他比例变化大于 1% 的 22 类微生物进行热图分析（图 4-18），可以看出，除了 Sphingobacteriia 和 Flavobacteria 以外，大多数微生物在污染后比例下降，其中 Acidobacteria、Alphaproteobacteria、Gemmatimonadetes、厌氧绳菌纲 Anaerolineae、Betaproteobacteria、Deltaproteobacteria 和 Nitrospira 比例下降较为明显。

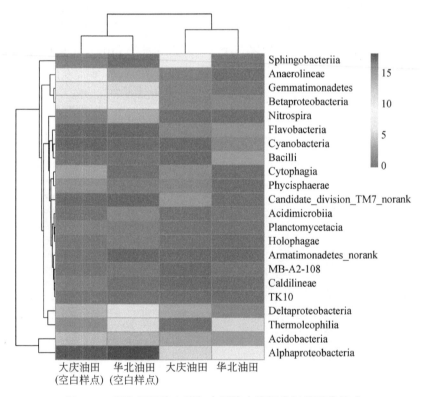

图 4-18 研究区污染土壤与未污染土壤纲类细菌群落组成

在属分类水平，油田污染土壤与未污染土壤优势属差异明显（表 4-12）。石油污染土壤中比例最高的属类为 *Streptomyces*，且在大庆油田和华北油田中明显占主导地位，而大庆油田未污染土壤中比例最高的属类为 *Flexibacter*，华北油田未污染土壤中比例最高的属类为 *Skermanella*。污染后，*Mycobacterium* 和 *Promicromonospora* 等比例明显提高，而 *Nitrospira* 和 Arthrobacter 等比例明显下降。

表 4-12　研究区污染土壤与未污染土壤位于前 20 位的属类微生物　　单位：%

大庆油田	比例	大庆油田 （空白样点）	比例	华北油田	比例	华北油田 （空白样点）	比例
Streptomyces	10.46	*Flexibacter*	3.49	*Streptomyces*	14.45	*Skermanella*	3.26
Hydrocarboniphaga	5.85	*Skermanella*	2.86	*Mycobacterium*	10.00	*Nocardia*	1.75
Parvibaculum	2.97	*Microvirga*	1.99	*Dietzia*	5.03	*Nitrospira*	1.73
Promicromonospora	2.44	*Arthrobacter*	1.36	*Nocardioides*	4.71	*Arthrobacter*	1.32
Mycobacterium	1.67	*Steroidobacter*	1.26	*Promicromonospora*	4.47	*Solirubrobacter*	1.19
C1-B045	1.58	*Bradyrhizobium*	1.10	*Rhodococcus*	3.44	*Blastococcus*	1.04
Pseudosphingobacterium	1.52	*Blastocatella*	1.06	*Saccharopolyspora*	1.73	*Streptomyces*	0.93
Blastocatella	1.49	*Nitrospira*	1.00	*Marmoricola*	1.61	*Haliangium*	0.91
Epilithonimonas	1.30	*Pedomicrobium*	0.83	*Skermanella*	1.49	*Nocardioides*	0.84
Alcanivorax	1.14	*Bryobacter*	0.70	*Salinimicrobium*	1.48	*Microvirga*	0.78
Actinophytocola	1.07	*Roseiflexus*	0.60	*Alkanindiges*	1.44	*Bacillus*	0.76
Flexibacter	1.01	*Nordella*	0.60	*Blastococcus*	1.18	*Candidatus_Alysiosphaera*	0.76
Pseudoxanthomonas	0.98	*Rhodomicrobium*	0.56	*Pseudomonas*	0.94	*Marmoricola*	0.73
Nocardia	0.94	*Rhodobium*	0.53	*Anoxybacillus*	0.92	*Roseiflexus*	0.73
Altererythrobacter	0.80	*Microlunatus*	0.53	*Quadrisphaera*	0.89	*Bradyrhizobium*	0.69
Phenylobacterium	0.79	*Blastococcus*	0.50	*Arthrobacter*	0.81	*Gaiella*	0.63
Rhodovibrio	0.78	*Haliangium*	0.50	*Solirubrobacter*	0.78	*Steroidobacter*	0.58
Rhizobium	0.72	*Pirellula*	0.50	*Streptomonospora*	0.74	*Pedomicrobium*	0.54
Opitutus	0.69	*Phenylobacterium*	0.50	*Bacillus*	0.70	*Blastocatella*	0.52
Zeaxanthinibacter	0.67	*Rubrobacter*	0.47	*Microbacterium*	0.69	*Azospirillum*	0.50

4.3.2　石油污染对群落活性及功能的影响

（1）对可培养微生物活性的影响

石油污染土壤可培养微生物活性远高于未污染土壤（图 4-19）。随着时间的推移，大庆油田、胜利油田和克拉玛依油田未污染土壤微生物 AWCD 几乎没有发生变化，微生物活性很低，华北油田和江汉油田相对于其他油田未污染土壤微生物活性较高，但仍然低于其污染土壤微生物活性。大庆油田污染土壤和未污染土壤微生物活性差异最大；克拉玛依油田污染土壤和未污染土壤微生物活性差异最小。

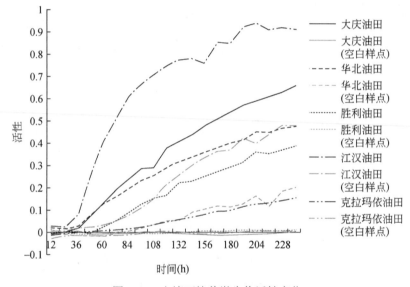

图 4-19　土壤可培养微生物活性变化

（2）对微生物碳代谢功能

各油田土壤的可培养微生物碳代谢在污染后发生明显变化（图 4-20）。石油污染土壤碳代谢功能多样性（U）明显高于未污染土壤，其中大庆油田多样性指数（U）由 0.71 增加到了 4.59；除了华北油田之外，碳代谢功能微生物均匀度（J_U）在污染后降低，大庆油田、胜利油田和克拉玛依油田降低程度差异性不大；石油污染土壤碳代谢功能微生物优势度（D）则略低于未污染土壤。

石油污染对可培养微生物碳源利用造成一定影响，但各油田的变化不一致（表 4-13）。石油污染土壤后，大庆油田微生物对碳水化合物的利用比例明显降低，由 58.01%下降为 14.21%，对羧酸、氨基酸和胺类的利用比例明显提高；华北油田微生物对氨基酸的利用比例明显降低，对胺类和酚酸的利用比例明显提高；胜利油田微生物对多聚物、羧酸和胺类的利用比例明显提高，对氨基酸的利用比例明显降低；克拉玛依油田对多聚物、碳水化合物和胺类的利用比例明显提高，对酚酸的利用比例由 74.03%下降到 7.98%。石油污染所造成的碳源利用情况变化与参与相关碳代谢微生物群落组成变化密切相关。

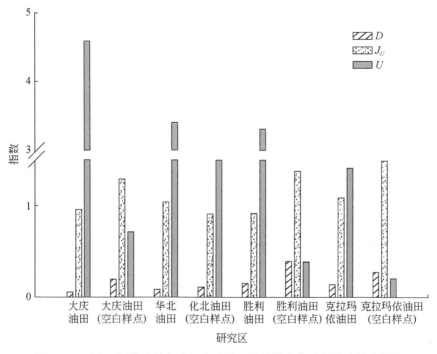

图 4-20　研究区污染土壤与未污染土壤可培养微生物碳代谢功能多样性

表 4-13　研究区污染与未污染土壤可培养微生物碳源利用情况　　单位：%

研究区	多聚物	碳水化合物	羧酸	氨基酸	胺类	酚酸
大庆油田	25.11	14.21	23.48	19.24	10.88	7.80
大庆油田（空白样点）	25.31	58.01	6.03	7.94	0.00	14.77
华北油田	37.48	21.78	14.00	12.45	5.39	9.14
华北油田（空白样点）	40.86	17.48	13.71	29.25	1.45	0.00
胜利油田	37.16	13.27	19.97	13.89	13.87	5.79
胜利油田（空白样点）	30.70	10.78	11.91	39.18	3.20	4.21

续表

研究区	多聚物	碳水化合物	羧酸	氨基酸	胺类	酚酸
克拉玛依油田	33.05	13.99	31.00	11.22	6.33	7.98
克拉玛依油田（空白样点）	13.76	3.03	34.47	13.83	0.00	74.03

（3）对烃类降解和营养循环微生物的影响

各油田污染土壤中可培养的多环芳烃、正十六烷、总石油烃降解微生物均明显高于未污染土壤（图 4-21）。数量变化最大的是克拉玛依油田多环芳烃降解微生物，胜利油田多环芳烃、正十六烷、总石油烃降解微生物在污染后整体增加较多，华北油田未污染土壤存在较多该三种特殊功能微生物，因此污染后数量的增加相对于其他三个油田最小。

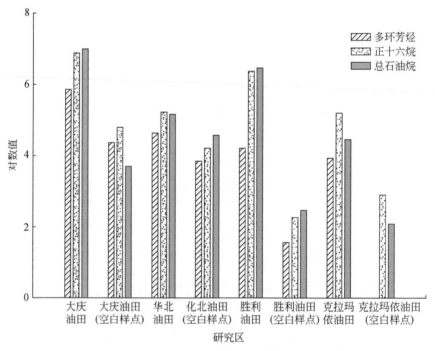

图 4-21 研究区污染土壤与未污染土壤可培养多环芳烃、正十六烷、
总石油烃降解微生物数量（对数值）

分别计算表 4-6 中参与了碳循环、氮循环、硫循环和磷循环的功能微生物在各油田污染土壤和未污染土壤中的比例之和。结果表明在石油污染土壤中，参与碳循环的功能微生物占据明显主导地位，而未污染土壤中参与氮循环的功能微生

物比例更高（图 4-22）。污染后比例增加最显著的细菌是 *Mycobacterium*，从大庆油田未污染土壤中的 0.33%提高到污染土壤中的 1.67%，从华北油田中未污染土壤中的 0.53%提高到污染土壤中的 10.00%。

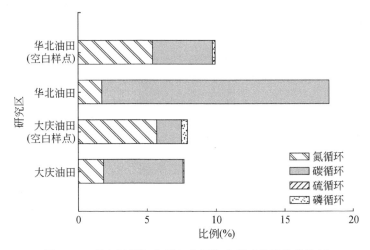

图 4-22　研究区污染土壤与未污染土壤功能微生物比例

参 考 文 献

周桔，雷霆. 2007. 土壤微生物多样性影响因素及研究方法的现状与展望［J］. 生物多样性，15（3）：306-311.

Aislabie J，Saul D J，Foght J M. 2006. Bioremediation of hydrocarbon-contaminated polar soils［J］. Extremophiles，10（3）：171-179.

Amato K R，Yeoman C J，Kent A，et al. 2013. Habitat degradation impacts black howler monkey （*Alouatta pigra*）gastrointestinal microbiomes［J］. The Isme Journal，7（7）：1344-1353.

Bernhard A E，Tucker J，Giblin A E，et al. 2007. Functionally distinct communities of ammonia-oxidizing bacteria along an estuarine salinity gradient［J］. Environmental Microbiology，9（6）：1439-1447.

Bordoloi N K，Konwar B K. 2009. Bacterial biosurfactant in enhancing solubility and metabolism of petroleum hydrocarbons［J］. Journal of Hazardous Materials，170（1）：495-505.

Braz V S，Marques M V. 2005. Genes involved in cadmium resistance in *Caulobacter crescentus*［J］. FEMS Microbiology Letters，251（2）：289-295.

Brito E M S，Guyoneaud R，Goñi-Urriza M，et al. 2006. Characterization of hydrocarbonoclastic bacterial communities from mangrove sediments in Guanabara Bay, Brazil [J]. Research in Microbiology, 157 (8): 752-762.

Camargo F A O, Bento F M, Okeke B C, et al. 2004. Hexavalent chromium reduction by an actinomycete, Arthrobacter crystallopoietes ES 32 [J]. Biological Trace Element Research, 97 (2): 183-194.

Cheng L, Qiu T L, Li X, et al. 2008. Isolation and characterization of *Methanoculleus receptaculi* sp. nov. from Shengli oil field, China [J]. FEMS Microbiology Letters, 285 (1): 65-71.

Chin K J, Liesack W, Janssen P H. 2001. *Opitutus terrae* gen. nov. , sp. nov. , to accommodate novel strains of the division'Verrucomicrobia'isolated from rice paddy soil [J]. International Journal of Systematic and Evolutionary Microbiology, 51 (6): 1965-1968.

DeBruyn J M, Nixon L T, Fawaz M N, et al. 2011. Global biogeography and quantitative seasonal dynamics of Gemmatimonadetes in soil [J]. Applied and Environmental Microbiology, 77 (17): 6295-6300.

Eismann F, Montuelle B. 1999. Microbial methods for assessing contaminant effects in sediments [M] //Reviews of Environmental Contamination and Toxicology. New York Springer: 41-93.

Gu J, Cai H, Yu S L, et al. 2007. *Marinobacter gudaonensis* sp. nov. , isolated from an oil-polluted saline soil in a Chinese oilfield [J]. International Journal of Systematic and Evolutionary Microbiology, 57 (2): 250-254.

Hara A, Syutsubo K, Harayama S. 2003. Alcanivorax which prevails in oil-contaminated seawater exhibits broad substrate specificity for alkane degradation [J]. Environmental Microbiology, 5 (9): 746-753.

He Z, Mei B, Wang W, et al. 2003. A pilot test using microbial paraffin-removal technology in Liaohe oilfield [J]. Petroleum Science and Technology, 21 (1-2): 201-210.

Hu P, Brodie E L, Suzuki Y, et al. 2005. Whole-genome transcriptional analysis of heavy metal stresses in *Caulobacter crescentus* [J]. Journal of Bacteriology, 187 (24): 8437-8449.

Janssen P H. 2006. Identifying the dominant soil bacterial taxa in libraries of 16S rRNA and 16S rRNA genes [J]. Applied and Environmental Microbiology, 72 (3): 1719-1728.

Kersters K, de Vos P, Gillis M, et al. 2006. Introduction to the Proteobacteria [J]. The Prokaryotes: Volume 5: Proteobacteria: Alpha and Beta Subclasses, : 3-37.

Kirk J L, Beaudette L A, Hart M, et al. 2004. Methods of studying soil microbial diversity[J]. Journal of Microbiological Methods, 58 (2): 169-188.

Lacey J. 1973. Actinomycetales: characteristics and practical importance [C] //Sykes G, Skinner F.

The Society for Applied Bacteriology Symposium Series. London: Academic Press.

Li G, Huang W, Lerner D N, et al. 2000. Enrichment of degrading microbes and bioremediation of petrochemical contaminants in polluted soil [J]. Water Research, 34 (15): 3845-3853.

Lienhard P, Terrat S, Mathieu O, et al. 2013. Soil microbial diversity and C turnover modified by tillage and cropping in Laos tropical grassland [J]. Environmental Chemistry Letters, 11 (4): 391-398.

Lynch J M, Benedetti A, Insam H, et al. 2004. Microbial diversity in soil: ecological theories, the contribution of molecular techniques and the impact of transgenic plants and transgenic microorganisms [J]. Biology and Fertility of Soils, 40 (6): 363-385.

Ma J, Ibekwe A M, Yang C H, et al. 2013. Influence of bacterial communities based on 454-pyrosequencing on the survival of Escherichia coli O157: H7 in soils [J]. Fems Microbiology Ecology, 84 (3): 542-54.

Magot M, Ollivier B, Patel B K C. 2000. Microbiology of petroleum reservoirs [J]. Antonie van Leeuwenhoek, 77 (2): 103-116.

Nunes da Rocha U, van Overbeek L, van Elsas J D. 2009. Exploration of hitherto-uncultured bacteria from the rhizosphere [J]. FEMS Microbiology Ecology, 69 (3): 313-328.

Paerl H W, Dyble J, Moisander P H, et al. 2003. Microbial indicators of aquatic ecosystem change: current applications to eutrophication studies [J]. FEMS Microbiology Ecology, 46 (3): 233-246.

Powell S M, Bowman J P, Snape I, et al. 2003. Microbial community variation in pristine and polluted nearshore Antarctic sediments [J]. FEMS Microbiology Ecology, 45 (2): 135-145.

Radwan S S, Al-Hasan R H, Ali N, et al. 2005. Oil-consuming microbial consortia floating in the Arabian Gulf [J]. International Biodeterioration & Biodegradation, 56 (1): 28-33.

Saul D J, Aislabie J M, Brown C E, et al. 2005. Hydrocarbon contamination changes the bacterial diversity of soil from around Scott Base, Antarctica [J]. FEMS Microbiology Ecology, 53 (1): 141-155.

Singleton D R, Furlong M A, Peacock A D, et al. 2003. *Solirubrobacter pauli* gen. nov., sp. nov., a mesophilic bacterium within the Rubrobacteridae related to common soil clones[J]. International Journal of Systematic and Evolutionary Microbiology, 53 (2): 485-490.

Sorkhoh N, Al-Hasan R, Radwan S, et al. 1992. Self-cleaning of the Gulf[J]. Nature, 359 (6391): 109-109.

Vishnivetskaya T A, Petrova M A, Urbance J, et al. 2006. Bacterial community in ancient Siberian permafrost as characterized by culture and culture-independent methods [J]. Astrobiology, 6 (3):

400-414.

Wagner M，Horn M. 2006. The Planctomycetes，Verrucomicrobia，Chlamydiae and sister phyla comprise a superphylum with biotechnological and medical relevance［J］. Current Opinion in Biotechnology，17（3）：241-249.

Wang J，Ma T，Zhao L，et al. 2008. Monitoring exogenous and indigenous bacteria by PCR-DGGE technology during the process of microbial enhanced oil recovery［J］. Journal of Industrial Microbiology & Biotechnology，35（6）：619-628.

Wang L，Liu L，Zheng B，et al. 2013. Analysis of the bacterial community in the two typical intertidal sediments of Bohai Bay，China by pyrosequencing[J]. Marine Pollution Bulletin，72(1)：181-187.

Westerberg K，Elväng A M，Stackebrandt E，et al. 2000. *Arthrobacter chlorophenolicus* sp. nov. ，a new species capable of degrading high concentrations of 4-chlorophenol[J]. International Journal of Systematic and Evolutionary Microbiology，50（6）：2083-2092.

Whyte L G，Bourbonniere L，Greer C W. 1997. Biodegradation of petroleum hydrocarbons by psychrotrophic Pseudomonas strains possessing both alkane（*alk*）and naphthalene（*nah*）catabolic pathways［J］. Applied and Mnvironmental microbiology，63（9）：3719-3723.

Yakimov M M，Denaro R，Genovese M，et al. 2005. Natural microbial diversity in superficial sediments of Milazzo Harbor（Sicily）and community successions during microcosm enrichment with various hydrocarbons［J］. Environmental Microbiology，7（9）：1426-1441.

Ye S H，Huang L C，Li Y O，et al. 2006. Investigation on bioremediation of oil-polluted wetland at Liaodong Bay in northeast China[J]. Applied Microbiology and Biotechnology，71（4）：543-548.

Yoshinaka T，Yano K，Yamaguchi H. 1973. Isolation of highly radioresistant bacterium，*Arthrobacter radiotolerans* nov. sp［R］. Tokyo Univ. （Japan）. Faculty of Agriculture.

Youssef N H，Elshahed M S. 2009. Diversity rankings among bacterial lineages in soil[J]. The ISME Journal，3（3）：305-313.

Yu S，Li S，Tang Y，et al. 2011. Succession of bacterial community along with the removal of heavy crude oil pollutants by multiple biostimulation treatments in the Yellow River Delta，China［J］. Journal of Environmental Sciences，23（9）：1533-1543.

Zhang F，She Y H，Ma S S，et al. 2010. Response of microbial community structure to microbial plugging in a mesothermic petroleum reservoir in China［J］. Applied Microbiology and Biotechnology，88（6）：1413-1422.

|第 5 章| 石油污染土壤生态毒性检测方法研究

土壤石油污染的毒性评估是制定石油污染土壤管控标准的前提和关键环节。现在土壤污染评估方法多以单类物质浓度为主要评估指标，如以总石油烃浓度、多环芳烃浓度或重金属浓度评估土壤石油污染毒性。但土壤是复杂生态系统，采用单一化学方法对石油污染土壤进行诊断和评价，无法科学全面地评价石油污染土壤的污染毒性，需要生物毒性评估方法结合污染物含量化学测定方法，评估污染土壤的整体生态毒性效应，全面地反馈土壤污染信息。

5.1 土壤石油污染物生物毒性检测方法概述

土壤污染毒性评价的传统方法，主要采用化学分析方法检测土壤中污染物的成分及其含量，然后与土壤背景值做比较，根据其与背景值的差异评价其毒性。然而，对于石油污染这种含有多种有毒有害物质的复合污染物，传统方法存在提取污染物困难，毒性评估不准确的等问题。近年来污染物毒性检测，趋于采用生物的生命指标，如生长状况、形态变化和致死率等对污染物的反应来评价其生物毒性。

5.1.1 高等植物毒性试验方法

高等植物是土壤生态系统中的重要组成部分，利用其生长发育状况来诊断和评价土壤污染，是土壤污染生态毒理学诊断试验中的重要组成部分。OECD 和国际标准化组织（International Organization for Standardization，ISO）已将高等植物毒性试验方法列为标准试验方法，并且建立了高等植物毒理试验，包括种子发芽试验、根伸长抑制试验和早期幼苗生长试验等（王华金，2013）。例如，通过研究对比不同植物在石油污染土壤环境下的种子发芽率及其形态特征，可表征石油污染土壤和未受污染土壤的生态毒性差异（Banks and Schultz，2005）。宋雪英等（2006）利用小麦种子发芽率、根长、早期幼苗生长等指标评，评价石油污染土壤植物修复 5a 后的土壤毒性大小，发现小麦根部指标与土壤污染程度间有较好的线性相关性，具有很好的生态毒性指示作用。

5.1.2　蚯蚓毒性试验方法

蚯蚓处于陆生生物食物链最底层，对于土壤中的石油污染有一定的富集作用。蚯蚓毒性试验，包括急性毒性试验、亚急性毒性试验、生殖毒性试验、发育毒性试验和回避行为试验等，均被列入 OECD 和 ISO 标准试验指南和试验方法（王华金，2013）。根据我国国家标准《化学品　蚯蚓急性毒性试验》（GBT 21809—2008），可使用蚯蚓作为指示生物，以污染土壤环境培养下的死亡率和回避反应作为指标，评价污染土壤的毒性水平及其对生物的影响。有研究显示，蚯蚓对石油污染土壤具有敏感响应，如对蚯蚓的毒性试验显示，当土壤中石油烃的浓度达到 8.0g/kg 时，蚯蚓有明显的回避反应，回避率达 80%。石油烃污染土壤对蚯蚓的 7d、14d 半致死浓度分别为 32.5g/kg、29.4g/kg（黄盼盼和周启星，2012）。

5.1.3　哺乳动物毒性试验方法

在哺乳类试验动物中，小鼠个体小，饲养管理方便，生产繁殖快，具有丰富的试验研究资料参考对比性，是国际认可的急性毒性测试生物。有研究采用小鼠和大鼠检测原油油气毒性，通过急性吸入试验、亚慢性吸入试验，观察其吸入不同浓度污染物后的行为特征、生化病例指标体重以及所受到的致死效应（黄春霞和褚家成，1997）。对大庆、胜利、渤海原油油气急性毒性研究发现，鼠经原油油气急性染毒后 30min 出现兴奋、跑动、跳跃等症状，继而转入抑制，活动减少直至死亡。三个油田原油油气的 3d 半致死浓度分别为 49.55g/m^3、77.54g/m^3、417.5g/m^3（黄春霞和褚家成，1997）。

5.1.4　细胞毒性检测技术

动植物细胞对污染物灵敏度高，可用于测试多种有毒物质综合毒性（刘允和解鑫，2013）。目前常用的细胞毒性检测技术有彗星试验（comet assay）、细胞微核试验等。彗星试验，又称单细胞凝胶电泳（single cell gel electrophoresis，SCGE）试验，可在单细胞水平上对 DNA 损伤进行可视性检测，利用尾矩，即尾长与 DNA 比例的乘积，评估 DNA 损伤的大小，具有适用范围广、安全性好、准确性好和灵敏度高等优点。该方法被用于石油烃对栉孔扇贝 *Chlamys farreri* 血淋巴细胞 DNA 的损伤检测，分析石油烃对扇贝的毒性特征（王晓艳等，2012）。但该方法没有简单定量指标评估细胞受到 DNA 损伤程度的大小，需要借助计算机进行影像分析。

细胞微核试验是通过选取生物体特定细胞，暴露在污染环境，由于化学诱变因子诱发的染色体畸变与微核率之间有着良好的相关性，可通过观察染色体损伤所形成的微核的数量，判断污染物的遗传毒性效应（张宝旭等，2002）。细胞毒性检测技术大多需要在显微镜下操作，具有操作复杂的缺点。

5.1.5 微生物毒性试验方法

（1）Ames 致突变检测方法

采用鼠伤寒沙门氏菌 *Salmonella typhimurium* 生长率，检测污染物致突变性的 Ames 试验，是实验室常用的致癌物初筛方法之一。组氨酸营养缺陷型鼠伤寒沙门氏菌无法合成组氨酸，在无组氨酸培养基上不能正常生长。该类缺陷型菌株在有致突变性的化学物质作用下（有的需要肝微粒体酶的活化），可突变成为野生型在培养基上生长。Ames 试验通过检测缺陷型菌株在受试物作用下，在无组氨酸培养基上的回复生长率，衡量受试物质的致突变性。该方法是一种灵敏、快速、简便地检测化合物遗传毒性的检测方法，已经成为许多国家污染物生物毒性检查的标准方法，我国也颁布了《鼠伤寒沙门氏菌/哺乳动物微粒体酶试验》（GB 15193.4—2003）国家标准方法。由于 Ames 试验是一个急性致突变试验，对高浓度污染物的致突变作用检查非常灵敏，但难以作为低浓度产生暴露的污染物累积毒性的检测方法。

（2）发光细菌毒性检测方法

发光细菌 *Luminous bacteria* 是一类在正常生长条件下能够发射可见荧光的异养细菌。有毒物质存在的环境中，细胞中参与发光反应的酶活性以及与发光反应相关的代谢过程受到影响，能导致发光强度发生变化。发光细菌发光强度变化可用发光检测仪测定出来。在一定浓度范围内，发光细菌的发光强度与污染物的浓度具有较好的线性响应关系。因此，利用发光细菌在污染物作用下的发光强度作为检查指标，用仪器测出其与待测物作用前后的光强变化，可以评估污染物的综合毒性的大小（杜宗军等，2003）。研究表明，发光细菌的发光强度与 些污染物浓度具有相关关系，能稳定、灵敏、快速地反映环境中污染物的浓度变化（Campisi et al.，2005）。

用于毒性检测的发光细菌主要为费氏弧菌 *Vibrio fischeri*、明亮发光杆菌 T3（*Photobacterium phosphoreum*）T3 spp.）、青海弧菌 Q67（*Vibrio Qinghaiensis* SP. Q67）等，常用于水环境检测。费氏弧菌是《水质水样品对费事弧菌光发射的抑制效果测定》（*Water quality-Determination of the inhibitory effect of water samples on the light emission of Vibrio fischeri*）（BS EN ISO 11348-3—1999）中的水质毒性测试菌种，明亮发光杆菌 T3 被我国《水质急性毒性的测定发光细菌法》（GB/T 15441—1995）列为测试用菌种。青海弧菌 Q67 是 1985 年从青海湖青海裸鲤（*Gymnocypris przewalskii*）体表分离出的发光细菌，为我国特有的淡水发光菌（朱文杰等，1994）。

发光细菌法水环境毒性的监测和评价中有较广泛的应用和研究。MicroTox 系统利用费氏弧菌作为毒性测试生物，能较好地评估单一物质、混合物和环境样品中污染物的急性毒性效应，已商业化并广泛应用于水体毒性测试系统（Gupta and Karuppiah，1996）。虽然 MicroTox 方法在许多无机和有机化合物的毒性检测中，表现出快速、可重现性高和灵敏的优点，但应用于环境样品的毒性评估中，依然存在许多不足。例如，环境样品中的 pH 不稳定（过酸或者过碱），容易导致污染物形态和活性的改变，从而影响毒性测定和评估的准确性（Onorati and Mecozzi，2004）。

5.2 石油污染物感应发光细菌的筛选

污染物能通过影响发光细菌的呼吸、生长、新陈代谢等生理过程，影响其发光强度。而且其发光强度往往与污染物毒性具有密切的相关关系，因此在该研究中被选中为感应微生物。考虑到目前对总石油烃馏分划分方法不统一，兼顾科学性以及分析测试方法的可达性、评估标准的可操作性等多方面因素，采用了土壤环境中总石油烃含量作为石油污染的表征指标，以发光细菌对不同浓度石油烃的光强响应值作为石油污染土壤的检测指标，建立浓度-光强响应关系关系模型，构建以发光细菌为感应菌，发光强度为测定指标的石油污染土壤生物毒性检测方法。

研究选择三个常见的发光细菌，费氏弧菌、明亮发光杆菌 T3 和青海弧菌 Q67，比较其从冻干状态迅速复活的能力、无污染物作用下的发光强度、对石油污染物的浓度响应范围、不同环境因子作用下的发光响应，选择具有复活能力强、灵敏度高、稳定性强的发光细菌作为土壤石油污染物感应菌。

5.2.1 发光细菌的复活能力比较

冻干粉与复苏液混合、摇匀，约需要 1min。摇匀后迅速测定三种发光细菌的发光强度。发现三种发光细菌都能快速地恢复到基本正常的发光状态，都具有较好的复活能力（图 5-1）。青海弧菌 Q67 在复苏时间 0～10min 相对发光度显著减小（$P<0.05$），在 15～25min 保持稳定发光，其发光强度在所有时间内都远低于费氏弧菌和明亮发光杆菌 T3。费氏弧菌和明亮发光杆菌 T3 的发光强度较高，处于 4.85×10^6～5.06×10^6RLU 和 4.62×10^6～5.02×10^6RLU，30min 测试时间范围内基本保持不变，只在 20min 后略有减小，其中费氏弧菌发光减弱的趋势较明亮发光杆菌 T3 小。

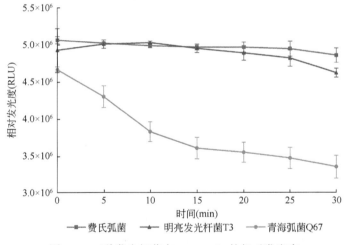

图 5-1 三种发光细菌在 0～30min 的相对发光度

根据肉眼可见荧光亮度（图 5-2），三种发光细菌中费氏弧菌发光强度最大，其次是明亮发光杆菌 T3。

试验说明，费氏弧菌、明亮发光杆菌 T3 和青海弧菌 Q67 都能从休眠状态迅速恢复到正常生存状态，其中费氏弧菌和明亮发光杆菌 T3 具有较强的发光能力。

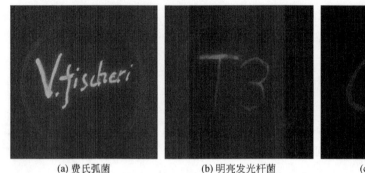

(a) 费氏弧菌　　　　　　(b) 明亮发光杆菌　　　　　　(c) 青海弧菌Q67

图 5-2　发光细菌肉眼可见荧光

5.2.2　发光细菌光强对石油污染浓度的响应

OECD 和中国《全国土壤污染状况评价技术规定》规定的土壤中 TPH 临界值分别为 200mg/kg 和 500mg/kg。研究设置与该标准相近土壤石油污染物浓度，萃取其中的 TPH，而后将发光细菌暴露其中，通过比较三种发光细菌在不同土壤石油污染物浓度萃取液中的发光强度，获得不同发光菌对不同石油污染物浓度的响应（图 5-3）。

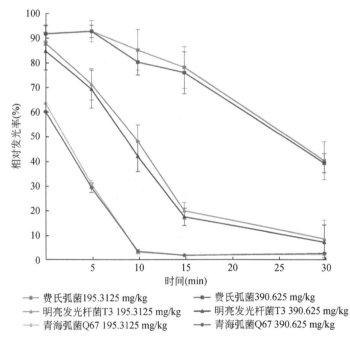

图 5-3　不同发光细菌在不同时间不同土壤污染浓度下的相对发光率

研究发现，费氏弧菌在 2 个设定浓度下，相对发光强度变化不大，且都高于明亮发光杆菌 T3 和青海弧菌 Q67。随着暴露时间的增加，三种受试菌种的发光强度都出现下降现象。其中，费氏弧菌和明亮发光杆菌 T3 在实验设定污染浓度下反应 15min 后，相对发光强度依然高于 20%，显示出对石油污染具有相对较强的耐性。而青海弧菌 Q67 的发光强度下降最快，当反应到达 10min 时，相对发光率显著减小到 2%（$P<0.05$），说明青海弧菌 Q67 对污染物萃取液耐受性较弱，不适宜用作毒性检测。

在测试了三种受试菌种的活性以及其在特定石油污染浓度下保持活性的时间后，进一步设置较高浓度范围的 TPH 暴露条件，以进一步对比费氏弧菌、明亮发光杆菌 T3 和青海弧菌 Q67 对不同浓度石油污染的发光响应，以获得三种受试菌种对石油污染浓度的响应范围。

在 12.2～50 000mg/kg 的 TPH 浓度范围内设置不同暴露浓度，让三种受试菌种分别暴露在不同浓度污染物溶液中，在 5min、10min、15min、30min 暴露时间点测定其发光强度，并与无污染物的对照比较，获得相对发光强度（图 5-4）。

暴露 5min、10min 和 15min 后，不同菌种对不同浓度的 TPH 响应模式基本一致。例如，反应 5min 时的测定结果显示，费氏弧菌对设定浓度范围内的 TPH 最高浓度和最低浓度的光强响应差异在 88% 以上。明亮发光杆菌 T3 在浓度达到 781.3mg/kg 时，相对发光率显著下降到 56%（$P<0.05$），并且随 TPH 浓度逐渐增加，相对发光率逐渐减弱，相对发光率随其浓度增加呈直线下降趋势，到 25 000mg/kg 时，相对发光率降到 26%，且发光率趋于稳定，不再随浓度进一步而发生变化明显变化。青海弧菌 Q67 对 TPH 非常敏感，在最低浓度 12.2mg/kg 的 TPH 下，相对发光率已经低于 50%，暴露于 97.7mg/kg 浓度时，相对发光率降到 32%，随着浓度进一步增大，相对发光率变化平稳，达到最大浓度 50 000mg/kg 时，相对发光率只有 20%。暴露 10min 和 15min，具有同样的情况，只有在暴露 30min 时，所有菌种的相对发光强度都出现明显下降，且随着石油污染物物的浓度增加，并没有显著变化。尤其是明亮发光杆菌 T3 和青海弧菌 Q67，在 30min 的反应后，基本失活，相对发光率降低到 10% 以下。

比较三种受试菌种在不同时间点对不同浓度 TPH 的响应，发现反应时间 15min 时，费氏弧菌对 TPH 浓度表现出较好的响应关系［图 5-4（c）］，在 TPH 浓度为 195.3mg/kg 的出现光强显著降低的现象，并随 TPH 浓度增加，相对发光率呈现明显的线性变化趋势，到 50 000mg/kg 浓度，光强降低到 50%。明亮发光杆菌 T3 则在反应时间为 10min 时，表现出相对较好的响应关系［图 5-4（b）］，在 TPH 浓度为 195.3mg/kg 时光强明显减低，随 TPH 浓度增加，相对发光率呈线性递减模式。而青海弧菌 Q67 耐受性较弱。

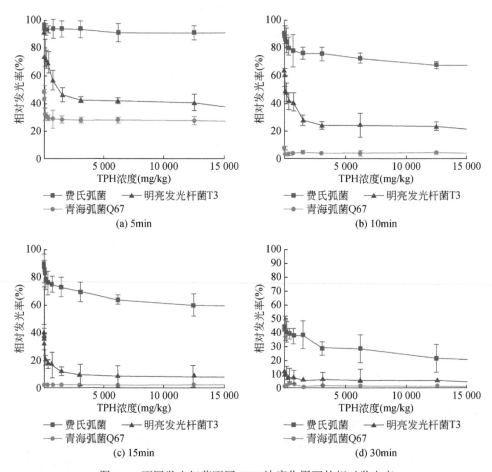

图 5-4   不同发光细菌不同 TPH 浓度作用下的相对发光率

5.2.3   发光细菌在不同环境条件下对石油污染物的响应

通过检测不同环境因子下，费氏弧菌、明亮发光杆菌 T3、青海弧菌 Q67 三种发光细菌的发光强度，分析其不同环境条件下对不同污染水平发光响应的稳定性，以从中选出对环境条件变化不过于敏感的发光细菌菌种。试验选取对微生物生理过程影响较大的 pH、盐度、温度三个环境因子，测试其在 TPH 浓度设置为 48.8mg/kg、390.6mg/kg、6250mg/kg、50 000mg/kg 时的发光稳定性。

（1）不同 pH 下菌种发光强度比较

实验设置 pH 为 5~11，从 TPH 浓度为 48.8mg/kg、390.6mg/kg、6250mg/kg、50 000mg/kg 土壤得到萃取液后，将萃取液的 pH 分别调到上述设计范围内。然后，分别将费氏弧菌、明亮发光杆菌 T3、青海弧菌 Q67 三种受试发光细菌，暴露于上述石油污染萃取液中 15min 后测定相对发光率（图 5-5）。

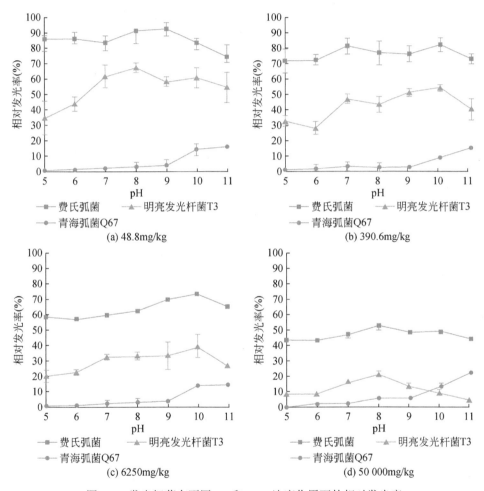

图 5-5 发光细菌在不同 pH 和 TPH 浓度作用下的相对发光率

在 4 个 TPH 浓度下，虽然费氏弧菌相对发光率随污染物浓度增加有所下降，但在不同 pH 中，发光强度基本保持稳定，没有随 pH 的变化而出现显著变化。而明亮发光杆菌 T3 的发光强度，随 pH 的变化有相对较大的波动，在 pH5~8 时，其发光强度随 pH 增加而增加，在 pH 8~11 时却出现相对发光率缓慢减弱的现象。

尤其在 TPH 浓度较低的情况下，酸性和碱性都能抑制明亮发光杆菌 T3 的发光强度。青海弧菌 Q67 虽然在 pH 5~9 下，相对发光率基本维持稳定，但只有总发光量的 1%~3%，活性相当低。当 pH 达到 10、11 时，相对发光率出现逐渐增强的现象。相对较高的 TPH 浓度（50 000mg/kg），极大地抑制了明亮发光杆菌和青海弧菌 Q67 的活性 [图 5-5（c），图 5-5（d）]，其相对发光强度都低于 20%。因此，费氏弧菌为 TPH 设置浓度下对 pH 变动最不敏感菌种。

（2）不同盐度下菌种发光强度比较

根据本研究对我国石油污染土壤理化性质研究的结果显示，我国产油区土壤含盐量多在 0.1%~4.79%。因此选取盐度 0~5% 的缓冲液，从 TPH 浓度为 48.8mg/kg、390.6mg/kg、6250mg/kg、50 000mg/kg 的土壤样品中萃取石油污染物，比较三种发光细菌对不同浓度 TPH 萃取液光强响应（图 5-6）。

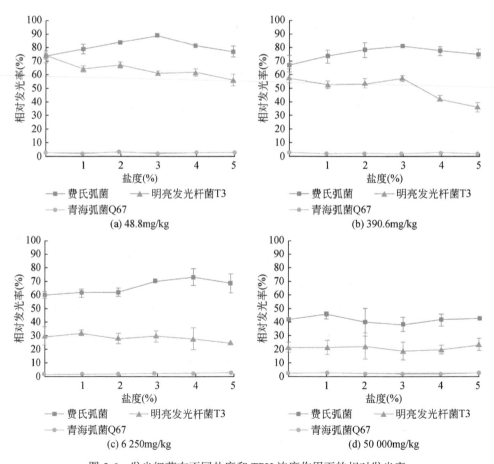

图 5-6 发光细菌在不同盐度和 TPH 浓度作用下的相对发光率

费氏弧菌在 4 个设定 TPH 浓度下，发光强度随浓度增加而有所下降，但在同一个污染浓度的不同盐度中发光强度基本保持稳定。明亮发光杆菌 T3 的发光强度，在较高 TPH 浓度（6250mg/kg、50 000mg/kg）设定下较为稳定，而暴露于较低 TPH 浓度时，其发光强度对盐度变化敏感，如在 48.8mg/kg TPH 浓度，盐度为 0～5%时，明亮发光杆菌 T3 的相对发光强度从总发光量的 75%缓慢减弱到 56%。青海弧菌 Q67 虽然在设定 TPH 浓度范围内，发光强度对不同盐度的响应变化不大，但总发光响应非常低，只为总发光强度的 2%～3%。

（3）不同温度下菌种发光强度比较

温度是发光细菌作为感应元件检测污染物毒性时需要关注的最重要环境条件之一。不仅仅因为温度能影响生物细胞的活性，进而影响发光强度，更因为环境检测多在野外进行，温度变化幅度较大，只有对温度变化不敏感的菌种，才能较好地表达污染物毒性。研究设置了 0℃、10℃、20℃、30℃和 40℃温度条件，比较暴露在不同 TPH 浓度萃取液中 15min 后，不同菌种的光强响应（图 5-7），以评估受试发光细菌在不同污染状态下对温度变化的响应。

暴露在 4 个设定 TPH 浓度 15min 后，费氏弧菌发光强度随浓度增加而下降，但同一浓度暴露下，在不同温度中发光强度基本保持稳定。明亮发光杆菌 T3 暴露在较高 TPH 浓度（6250mg/kg、50 000mg/kg）下时，对温度不敏感，但暴露在较低 TPH 浓度（48.8mg/kg、390.6mg/kg）下时，发光强度在 10～20℃从 38.8%减少到 19.5%，随温度升高而显著降低（$P<0.05$），在其他温度段的发光强度基本稳定。青海弧菌 Q67 暴露在不同 TPH 浓度下时，其发光强度对在设置温度段内的发光强度波动不大，维持在相对发光强度 2%～5%。

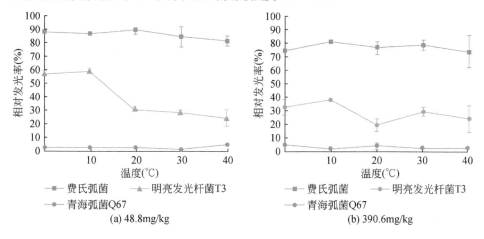

(a) 48.8mg/kg   (b) 390.6mg/kg

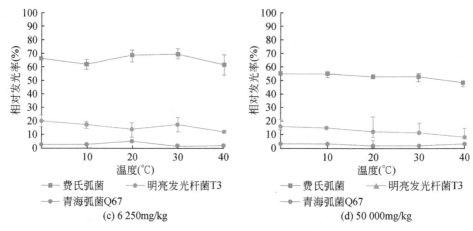

(c) 6 250mg/kg　　　　　　　　(d) 50 000mg/kg

图 5-7　发光细菌在不同温度和 TPH 浓度作用下的相对发光率

5.2.4　费氏弧菌整合环境条件

综合 5.2.3 节的研究结果可以看出,相对于其他菌种,费氏弧菌复活能力最强、发光稳定性最高,且对石油污染的响应浓度范围较广。因此选择费氏弧菌作为石油污染物生物毒性检测法的感应菌种(感应元件)。

进一步对关键环境指标组合,比较费氏弧菌暴露在不同组合环境指标下的光强(图 5-8),发现在不同 TPH 浓度设定下,在 pH 7~9 内,费氏弧菌的光强没有显著变化,当 pH 大于 10 时,相对发光率略有下降。在 0~5%盐度条件下,费氏弧菌相对发光率趋于稳定,当盐度为 2%~4%时,相对发光率高于平均水平。在 0~40℃内,费氏弧菌发光响应都较为稳定,当温度高于 30℃时,相对发光率有下降趋势。

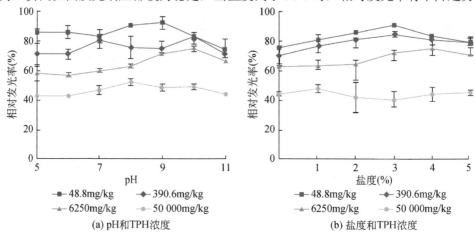

(a) pH和TPH浓度　　　　　　　　(b) 盐度和TPH浓度

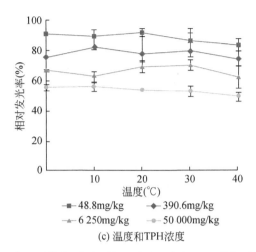

图 5-8　费氏弧菌在不同环境下对不同浓度 TPH 的相对发光率

由此获得费氏弧菌的最佳反应环境条件为：酸碱度 pH7～9、盐度 2%～4%、温度 0～30℃。参考费氏弧菌检测水质毒性的 ISO 标准，取盐度 2%、pH 7.5 作为检测环境条件。5.3 节将以费氏弧菌在该环境条件下的发光强度作为测定指标，建立石油污染土壤生物毒性检测方法。

5.3　基于费氏弧菌的石油污染土壤生物毒性检测方法

采用费氏弧菌在石油污染物作用下的发光强度为土壤石油污染生态毒性检测指标，筛选土壤石油污染物萃取剂，确定污染物与发光菌最佳反应时间，建立费氏弧菌发光强度与土壤石油污染物浓度的响应关系。

5.3.1　土壤石油污染物萃取剂的筛选

发光细菌固相检测方法中，发光细菌直接暴露于固相样品中，与土壤颗粒有直接接触。但样品颗粒、悬浮液颜色等会对发光测定产生较大干扰，影响毒性测定结果，所以发光细菌只有在水相中与污染物反应，才能获得更稳定可靠的测试结果。然而，石油污染物不溶于水，传统的发光细菌固相检测方法中使用的提取剂（2%NaCl 溶液），无法有效地把污染物从土壤中提取出来，因此需要选择一个对生物没有毒性，且能高效萃取石油污染物的表面活性剂。

现有的研究多采用有机物溶剂二氯甲烷（DCM）萃取土壤中的石油污染物。然而，DCM 具有强毒性，作为萃取剂时对发光细菌有毒害作用，干扰发光细菌对石油污染物的毒性检测（吴向华，2008）。近年来，表面活性剂洗脱土壤中疏水性有机污染物的技术，得到广泛关注。表面活性剂是指能显著降低界面张力的物质，由一个亲水的极性头端和一个疏水的非极性尾端组成的双性分子构成（姜霞，2003）。表面活性剂具有亲水和亲油的双重特性，可通过降低水土界面间的表面张力增强污染物的流动性，也可形成胶束以增加疏水性有机物的水溶性，进而促进有机物从土壤中洗脱出来（肖鹏飞等，2014）。在萃取土壤中石油污染物时，表面活性剂有助于碳氢化合物从土粒表面脱离进入液相（王晨霞，2014）。

常用的化学表面活性剂有吐温-20（Tween-20），吐温-80（Tween-80），聚乙二醇辛基苯基醚（Triton X-100），十二烷基硫酸钠（sodium dodecylsulfate，SDS），十二烷基苯磺酸钠（SDBS）等。Tween-20 和 Tween-80 等 Tween 类表面活性剂属于非离子表面活性剂，具有稳定性高、增溶能力强、表面活性较高的特性，且不易受电解质和酸、碱影响。这类表面活性剂的生物毒性在非离子表面活性剂中最低，而且价格低廉，在土壤石油、多环芳烃污染物洗脱或萃取中具有广泛的应用潜力（肖鹏飞等，2014）。Triton X-100 主要应用于对土壤中的农药等有机质的吸附，减少其在土壤中的残留量（姚小帆，2010）。Tween-20、Tween-80 和 SDS、SDBS 均可用于黄土中菲和芘的萃取（刘婷，2013）。鼠李糖脂（Rhammolopid）是一类生物表面活性剂，能有效萃取土壤中有机污染物，有助于微生物和疏水性有机物的接触，可促进微生物降解土壤石油污染物（陈延君，2007）。在浓度为 4%时，Rhammolopid 可有效提取土壤中 66.8%的多环芳烃（彭立君，2008）。

因此，下面将通过一系列比较试验，对上述表面活性剂进行筛选，以获取对费氏弧菌没有毒性且能高效萃取土壤中石油烃萃取剂。

（1）萃取剂毒性比较

根据萃取剂既要保持发光细菌活性，又要快速高效的萃取土壤中石油污染物的需求，选择了 Tween-20、Tween-80、Triton X-100、SDS、SDBS 和 Rhammolopid 6 种表面活性剂作为备选萃取剂，分别测定费氏弧菌和明亮发光杆菌 T3 暴露于不同表面活性剂（浓度 1%）5min、15min 和 30min 后的相对发光率，见表 5-1 和表 5-2。

表 5-1　不同表面活性剂中费氏弧菌的相对发光率　　　　单位：%

反应时间	5min	15min	30min
Tween-20	94	99	92
Tween-80	100	95	95
Triton X-100	100	100	94
SDS	16	10	4
SDBS	96	98	99
Rhamnolopid	97	99	97

表 5-2　不同表面活性剂中明亮发光杆菌 T3 的相对发光率　　　　单位：%

反应时间	5min	15min	30min
Tween-20	93	99	92
Tween-80	94	95	95
Triton X-100	96	100	94
SDS	1	1	0
SDBS	91	90	79
Rhamnolopid	99	98	96

试验显示，费氏弧菌和明亮发光杆菌 T3 在 Tween-20、Tween-80、Triton X-100、SDBS 和 Rhamnolopid 里面的发光率在 79%以上，说明这些表面活性剂对发光细菌毒性较小，可以正常生长，只有 SDS 显著抑制费氏弧菌的生长，无法作为备选萃取剂。

（2）不同萃取剂的萃取效率比较

第 5.2.2 小节研究显示，发光细菌暴露在土壤石油污染时，受土壤石油污染浓度影响，其相对光强随石油污染物浓度的增加而降低，且呈典型光强-剂量关系。因此，当发光细菌与表面活性剂萃取土壤后的萃取液混合时，发光强度越小，萃取剂中含有的石油污染物浓度越高，该表面活性剂对石油污染物的萃取率就越高。为了从上述 5 种表面活性剂中筛选出对 TPH 提取效率最高的萃取剂，该研究将通过比较暴露在不同表面活性剂的石油污染萃取液中的费氏弧菌发光强度，评价不同的表面活性剂对石油污染物的萃取效率。即费氏弧菌在某表面活性剂污染物萃取液中的相对发光率越低，该表面活性剂的萃取率越高；反之亦然。

将浓度为 0.005%、0.01%、0.05%、0.1%、0.5%、1%、1.5%和 2%的 Tween-20、

Tween-80,Triton X-100,SDBS 和 Rhamnolopid5 种表面活性剂,与石油污染土壤充分混合后离心,获得还有石油污染物的萃取液。将费氏弧菌与之混合,分别在混合 5min、15min、30min 后,测定其发光强度(图 5-9)。

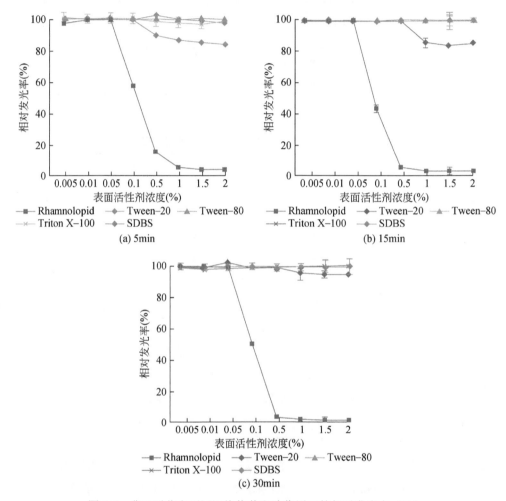

图 5-9 费氏弧菌在不同污染物萃取液作用下的相对发光率(%)

费氏弧菌与不同浓度的 Tween-80、Triton X-100 和 SDBS 的污染物萃取液作用,反应 5min、15min、30min 后,相对发光率均高于 96%。显示萃取液中无对费氏弧菌发光产生抑制的污染物,说明 Tween-80、TX100、SDBS 这三种表面活性剂基本没有把石油污染从土壤中提取出来。只有 Rhamnolopid 萃取剂中有抑制菌种发光强度的现象(图 5-9)。

暴露污染物萃取液 5min 时，测定不同 Rhamnolopid 浓度下的费氏弧菌发光强度，发现大于 0.05%时，费氏弧菌对其污染物萃取液的相对发光率显著减小，在 Rhamnolopid 浓度为 0.5%时，相对发光率显著下降到 15%，当浓度达到 1%时，相对发光率下降到 5%。随萃取剂浓度继续升高，费氏弧菌的发光响应再无明显降低现象，一直保持在 5%左右。暴露污染物萃取液 15min 时，费氏弧菌在 Rhamnolopid 浓度为 0.05%时开始受到发光抑制，在 Rhamnolopid 浓度达到 0.5%时，相对发光率显著下降到 3.8%，随 Rhamnolopid 浓度继续增加到 1%时，费氏弧菌相对发光率低达 1.5%。暴露污染物萃取液 30min 时，Rhamnolopid 中费氏发光菌强度具有上述相似的现象（图 5-10）。综上所述，Rhamnolopid 浓度为 1%时，三个时间点发光抑制基本达到最大值，为了快速稳定地萃取出土壤中的石油污染物，选用 1%Rhamnolopid 作为萃取剂的浓度。

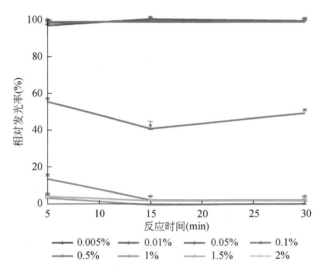

图 5-10　费氏弧菌在 Rhamnolopid 污染物萃取液作用下的相对发光率

5.3.2　费氏弧菌对 Rhamnolopid 萃取的石油污染物的响应时间

比较费氏弧菌暴露在不同浓度石油污染土壤萃取液中时，不同暴露时间段的发光率，挑选其发光强度在不同污染浓度下具有明显差异性的时间点，确定费氏弧菌作为感应菌种时的最适检测时间点。根据前期研究，设置污染土壤浓度为 12.2～50 000mg/kg，检测时间点为菌种与萃取剂混合 0min、5min、10min、15min、30min。

从图 5-11 显示的实验结果看出，与萃取剂混合 5min 后，污染物还未对费氏弧菌的生理代谢产生毒性，所有污染物浓度下发光强度抑制都不明显。10min 时，费氏弧菌开始受到污染物毒害，发光强度开始受到明显抑制，但污染物浓度相对较高的萃取剂之间，发光强度差别不大。到 15min 时，费氏弧菌在不同浓度污染物的发光强度出现明显差异，此后不同污染浓度间的发光强度差异性逐渐加大。因此，采用费氏弧菌作为石油污染物的感应菌种时，取 15min 为该菌石油污染物土壤的最适宜响应时间，用于毒性检测技术。

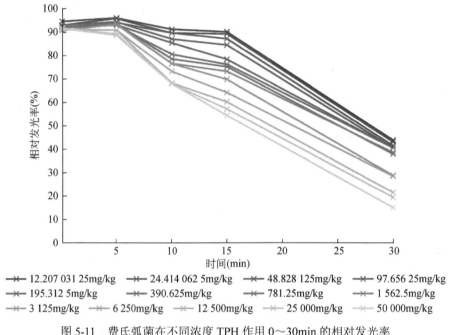

图 5-11　费氏弧菌在不同浓度 TPH 作用 0～30min 的相对发光率

5.3.3　费氏弧菌发光强度与石油污染物浓度响应关系

根据 5.2.4 节和 5.3.2 节研究所获得的费氏弧菌暴露在 Rhamnolopid 萃取石油污染物中时，对不同石油污染物浓度具有良好响应的最佳环境条件，即盐度 2%、pH 7.5、暴露时间 15min 时，获得费氏弧菌发光强度与土壤石油污染物（TPH）浓度的响应关系（图 5-12）。

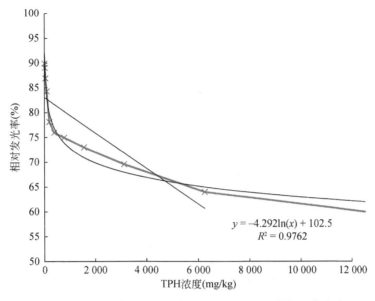

图 5-12　费氏弧菌对不同浓度 TPH 作用 15min 的相对发光率

　　费氏弧菌光强的指数下降阶段，发生在 TPH 浓度为 12.2～781.3mg/kg。污染物浓度为 12.2mg/kg 时，费氏弧菌光强开始受到抑制，光强为无污染状态的 96%，当 TPH 浓度达到 97.7mg/kg 时，光强受到明显抑制（$P<0.05$），当 TPH 浓度为 781.3mg/kg 时，相对光强只有 75%。随 TPH 浓度增大，费氏弧菌的光强响应逐渐减弱，并趋于稳定；费氏弧菌发光强度与 TPH 浓度的响应关系为典型对数关系，拟合方程为

$$y=-4.292\ln（x）+102.5（R^2=0.9762）\tag{5.1}$$

5.4　石油污染土壤生态毒性快速检测体系

5.4.1　石油污染土壤生态毒性快速检测方法

　　以费氏弧菌在石油污染物作用下的发光强度响应作为指标，建立石油污染土壤生态毒性快速检测方法如下：

　　将土壤样品研磨后过 40 目筛，以 1∶10 固液比加入到 Rhamnolopid 浓度 1% 的 2%NaCl 溶液中，在 150r/min 的回旋振动器上振荡 10min，在 10～30℃环境下，

高速离心机以 7000r/min 的速度离心 15min，取上层清液。

同时，将 2mL 的 2% NaCl 溶液加入到费氏弧菌冻干粉（0.5g）试剂瓶中，轻轻振荡使之充分溶解，静置 10min 复活。取 0.1mL 冻干粉溶液和 1mL 的 2% NaCl 溶液加入到 2mL 离心管中，获得检测菌液。

将 1mL 萃取液和 1mL 菌液加入测试管，轻轻振荡，使之充分摇匀，放置 15min，而后用发光细菌毒性监测仪检测费氏弧菌发光强度。

计算费氏弧菌对萃取液与空白液（2% NaCl）的发光强度之比，获得费氏弧菌在土壤石油污染物作用下的相对发光率。

5.4.2 方法优势分析

（1）时间短，达到快速检测需求

目前，用于检测石油污染物毒性的指示生物除了微生物外，有高等植物、蚯蚓、小鼠等陆地生物以及海洋微藻、水蚤、斑马鱼等水生生物。由于生物特性的不同，这些生物需要更长的暴露时间，来获得对石油污染物有效的响应进而评估其毒性效应（表 5-3）。在默认制样与生物准备工作可以同时进行的状况下，这些检测方法检测总需时至少为 5d。而利用费氏弧菌检测石油污染物从制样、萃取，同时进行生物准备，再到暴露、检测，总需时 50min，远比其他生物检测方法需时短，实现了快速检测土壤中石油污染物的需求。

表 5-3 石油污染物毒性检测时间比较表

试验步骤	生物检测							污染物浓度法
	土壤检测				水质检测			
	费氏弧菌	高等植物	蚯蚓	小鼠	海洋微藻	水蚤	斑马鱼	（气相色谱法）
制样	10min		1d			1d	24h	15min
萃取	25min							0.5～24h
生物准备	10min		1d	3d	2～10d	6～24h	>14d	
暴露时间	15min	7～40d	14d	14d	1～6d	24～48h	1～4d	
检测时间	30s	10min	10min	10min	1h	10min	10min	30min
总时间	50min	>7d	>15d	>17d	>5d	>7d	>15d	>60min
资料来源	本书	王华金，2013	GB/T 21809—2008	GBZ/T 240.2—2011	GB/T 21805—2008	GB/T 16125—2012	GB/T 13267—1991	王如刚等，2010；李胜勇等，2013

（2）方法简单，可操作性强

与其他生物毒性测定法相比，微生物菌株以冻干粉的方式保存，保存容易，携带方便，可用于就地检测。以检测生物荧光为指标的检测方法，与使用气相色谱法等检测石油污染浓度的方法相比，更加简单易行。

参 考 文 献

杜宗军，王祥红，李海峰，等.2003. 一株海洋发光细菌的分离鉴定及其发光条件的初步研究[J]. 海洋湖沼通报，02：58-63.

国家环境保护局.1992. GB/T 13267—1991，水质　物质对淡水鱼（斑马鱼）急性毒性测定方法 [S]. 北京：中国标准出版社.

国家质量监督检验检疫总局，国家标准化管理委员会.2008. GB/T 21805—2008，化学品　藻类生长抑制试验 [S]. 北京：中国标准出版社.

国家质量监督检验检疫总局，国家标准化管理委员会.2008. GB/T 21809—2008，化学品　蚯蚓急性毒性试验 [S]. 北京：中国标准出版社.

国家质量监督检验检疫总局，国家标准化管理委员会.2013. GB/T 16125—2012，大型溞急性毒性实验方法 [S]. 北京：中国标准出版社.

黄春霞，褚家成.1997. 原油油气毒性实验研究 [J]. 交通医学，2：255-262.

黄盼盼，周启星.2012. 石油污染土壤对蚯蚓的致死效应及回避行为的影响[J]. 生态毒理学报，v. 703：312-316.

李胜勇，李先国，邓伟，等.2013. 超声萃取气相色谱法检测海洋沉积物中的总石油烃 [J]. 海洋湖沼通报，（2）：93-98.

刘允，解鑫.2013. 水体生物毒性检测技术研究进展综述 [J]. 净水技术，32（5）：5-10.

宋雪英，宋玉芳，孙铁珩，等.2006. 石油污染土壤植物修复后对陆生高等植物的生态毒性[J]. 环境科学，09：1866-1871.

王华金.2013. 石油污染土壤微生物修复效果的生物指示研究 [D]. 华南理工大学硕士学位论文.

王如刚，王敏，牛晓伟，等.2010. 超声-索氏萃取-重量法测定土壤中总石油烃含量 [J]. 分析化学，38（3）：417-420.

王晓艳，蒋风华，冯丽娟，等.2012. 石油烃对栉孔扇贝血淋巴细胞 DNA 损伤的初步研究[J]. 生态毒理学报，7（3）：305-311.

吴向华.2008. 发光细菌法测定有机污染土壤的生物毒性 [J]. 江苏农业科学，（5）：285-287.

张宝旭，贾凤兰，阮明，等.2002. 多环芳烃对金属硫蛋白缺欠小鼠微核及红细胞的影响[J]. 卫生毒理学杂志，16（3）：133-135.

朱文杰，汪杰，陈晓耘，等. 1994. 发光细菌一新种——青海弧菌［J］. 海洋与湖沼，03：273-279，353.

Banks M K，Schultz K E. 2005. Comparison of plants for germination toxicity tests in petroleum-contaminated soils ［J］. Water Air and Soil Pollution，167（1-4）：211-219.

Campisi T，Abbondanzi F，Casado-Martinez C，et al. 2005. Effect of sediment turbidity and color on light output measurement for MicroTox® Basic Solid-Phase Test［J］. Chemosphere，60（1）：9-15.

Gupta G，Karuppiah M. 1996. Toxicity study of a Chesapeake bay tributary-Wicomico river ［J］. Chemosphere，32（6）：1193-1215.

Onorati F，Mecozzi M. 2004. Effects of two diluents in the Microtox® toxicity bioassay with marine sediments ［J］. Chemosphere，54（5）：679-687.

|第 6 章| 石油污染土壤生态毒性评估标准研究及应用

污染物的生态毒性是指进入生态系统的污染物对生态系统产生不良效应的程度。石油污染物进入土壤后，可以通过生物体代谢、体表渗透和生物链传输逐渐富集于生物体内，而导致生物体出现中毒现象。在大剂量、高浓度下的中毒反应，表现为致死性、神经性、对造血功能的损伤和酶活性的抑制。在小剂量、低浓度下引起慢性中毒，表现为代谢毒性、生活毒性效应。因此，在上述研究完成石油污染土壤生物毒性检测方法的构建后，本章将针对不同剂量污染物具有不同生态毒性特征的假设，研究不同浓度级别石油污染物的生物毒性特性，建立污染物浓度-毒性-发光细菌光强的关系，构建完整的石油污染土壤生态毒性标准，为管理我国石油污染土壤提供技术支持。

6.1 石油污染土壤生态毒性评估标准构建基础

虽然土壤污染的生态毒性具有隐蔽性、长期性、积累效应等特点，但在石油产区的采油、存储和运输等生产过程中，石油常常以泄漏的方式进入土壤，使得土壤中石油污染物的含量分布不均匀，有时可达到急性中毒的浓度。因此在确定石油污染土壤的生态毒性时，必须全面考虑不同污染物浓度的生态毒性效益（图6-1），建立全面的评估标准。

作为化学物质安全性评价的重要指标之一，高浓度石油污染物的急性毒性，处在生物毒性检测和评估的第一层次，获得的信息可对石油污染物突发事件的毒性评估提供重要的参考价值。较低浓度的石油污染物，对于长期暴露其中的生物生理代谢和遗传过程，具有一定的干扰作用，其中很多污染物成分对人体健康具有潜在致癌性（Giesy et al., 2010；Kannel and Gan, 2012）。因此，对于土壤石油污染物的生态毒性标准，不仅需要考察较高浓度范围的石油污染物毒性，还需要获得综合评估标准。

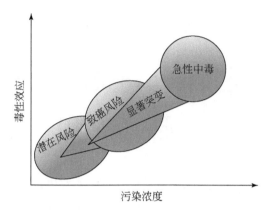

图 6-1　污染物浓度与毒性效应关系示意图

在此，将选用 Ames 试验作为评估高浓度石油污染物的致突变效应，用长期致癌风险指数模型和潜在生态风险指数模型，评价不同浓度石油污染物长期、潜在的生态毒性。以费氏弧菌发光强度检测石油污染土壤生物毒性，构建石油污染土壤生态毒性评估标准。

6.2　土壤石油污染致突变风险

土壤石油污染物在浓度较高的时候，能直接影响细胞的基因结构，干扰生物的生理生活过程。Ames 试验是检测遗传毒物的标准方法，借助化学物质对DNA 碱基损伤造成的致突变作用，评价化学物质的致癌和致突变可能性。该方法有试验周期短、简便的特点，是目前实验室普遍采取的初筛潜在致癌物的方法之一，已经广泛用于水质、大气等环境综合毒性致突变性检测（刘波等，2007）。

本研究采用土壤中萃取的石油污染物，通过测定鼠伤寒沙门氏菌暴露在一系列较高浓度土壤萃取液中的自发回变菌落数，检测土壤石油污染物的致突变性（表6-1）。试验以鼠伤寒沙门氏菌的组氨酸缺陷型菌种 TA98 和 TA100 为检测材料，与石油污染萃取液混合 48h 后，测定菌落活化和未活化的回变菌落数。如果达到自发回变率的 2 倍，则判定具有致突变作用。并以此为基础建立土壤石油污染土壤的致突变风险评价标准。

表 6-1　石油污染物萃取液 Ames 致突变效应

剂量（μg/皿）	相应土壤中 TPH 浓度（mg/kg）	TA98				TA100				致突变作用
		-S9		+S9		-S9		+S9		
		回变数	MR	回变数	MR	回变数	MR	回变数	MR	
1 000	50 000	72.7±8.1	2.2	143±3	2.9	277±12.8	2.3	288.7±2.1	2.2	有
500	25 000	69.3±5.1	2.1	129.3±3.5	2.6	122.3±6.9	1.1	181.7±7.6	1.4	有
250	12 500	67.3±8.6	2	110.7±12.1	2.2	120±13	1	123.7±5.5	0.9	有
125	6 250	51.7±9.9	1.6	99±9.5	1.9	104.7±4.2	0.9	119.7±13.8	0.9	无
62.5	3 125	48.7±6	1.5	95.3±1.5	1.9	93±8.9	0.8	119±6.6	0.9	无
31.25	1 562.5	50±9.6	1.5	90.7±5.1	1.8	79±8.5	0.7	80.7±18.1	0.6	无
Rhamnolopid	100μL	33±5.6		49.3±6.1		121.3±13		132±7.2		
2AF	10μg			2 683.3				3 006		
2.4.7TuFone	0.2μg	1 116.7								
NaN3	1.5μg					2 866.7				

石油污染物浓度在 1562.5～50 000mg/kg 时，随剂量增加，突变率升高。当土壤石油污染物浓度达到 12 500mg/kg，引起 TA98 致突变呈阳性，可以确定当石油污染物在土壤中的浓度达到 12 500mg/kg 时，该污染土壤具有致突变作用和高致癌致畸的风险。最高石油污染物浓度（50 000mg/kg）暴露下，TA98 和 TA100 同时出现致突变呈阳性，说明该浓度下，石油污染物导致了移码型致突变和碱基置换型致突变。

污染物的致突变物毒性，指 DNA 异常引起生物体细胞遗传信息发生突然改变，导致蛋白质合成异常，影响生物正常新陈代谢，并具有遗传性。具有致突变性的污染物进入到生物体后，能使细胞或生物体结构畸形，功能丧失。根据该毒性标准，当费氏弧菌与石油污染土壤萃取液混合，TPH 的浓度大于 12 500mg/kg，该石油污染土壤具有很高的致突变风险，毒性剧烈。结合费氏弧菌发光强度与石油污染物的浓度响应关系［式（5.1）］，当暴露在石油污染物土壤的费氏弧菌相对发光强度小于 62% 时，该污染土壤具有致突变的急性毒性。

6.3　土壤石油污染长期致癌风险

多环芳烃被证实具有致癌、致畸、致突变的作用，由于其理化性质稳定，可以在环境中长久存在，难以在自然环境中降解，能进行长距离转移、并易被生物体富集等特点，作为自然环境中持久性有机污染物的主要代表，受到了国际上的广泛关注（匡少平等，2007）。目前，16 种多环芳烃被 EPA 确定为优先控制有机污染物，我国将其中 7 种列为优先控制有机污染物。

根据本研究对中国主要采油区污染土壤特征的调查，中国石油污染土壤中主要污染物为烷烃和芳烃等有机物，总石油烃占有机质含量 60% 以上，主要污染物组分为多环芳烃和环烷酸类物质，占总石油烃的 50% 以上，且与石油烃总量呈正相关，重金属含量却非常少。多环芳烃作为三致污染物，其生态毒性得到了广泛的研究（贾建丽等，2009）。因此，本研究取多环芳烃作为石油污染物的单一代表物，通过土壤多环芳烃生态毒性的风险评估模型，由多环芳烃在石油污染土壤中占总石油烃的比例关系，获取以总石油烃浓度为指标的石油污染土壤长期致癌风险标准，并通过石油污染物浓度-费氏弧菌光强响应关系，建立以费氏弧菌发光强度为检测指标的中国石油污染土壤的长期和潜在生态毒性评估标准。

6.3.1　土壤多环芳烃终生致癌风险增量模型

根据 EPA 推荐的土壤多环芳烃终身致癌风险增量模型（incremental lifetime cancer risk，ILCRs），土壤多环芳烃长期致癌风险为口腔摄入（$ILCR_{ingest}$）、皮肤接触（$ILCR_{dermal}$）和呼吸吸入（$ILCR_{inhale}$）三种暴露途径的致癌风险之和。其长期致癌风险评估值计算见式（6.1）：

$$ILCRs = ILCR_{ingest} + ILCR_{dermal} + ILCR_{inhale} \tag{6.1}$$

经口腔摄入污染土壤多环芳烃的长期致癌风险评估值：

$$ILCR_{ingest} = \frac{C_{soil} \times lngR \times EF \times ED}{BW \times AT} \times CF \times SFO \tag{6.2}$$

式中，C_{soil} 为土壤污染物含量（mg/kg）；IngR 为土壤摄入量（mg/d）；EF 为暴露频率（d/a）；ED 为暴露时间（a）；BW 为平均体重（kg）；AT 为平均时间（d）；CF 为转换因子（1×10^{-6} kg/mg）；SFO 为口服斜率因子 [mg/（kg·d）]。

经皮肤接触摄入污染土壤多环芳烃的长期致癌风险评估值：

$$ILCR_{dermal} = \frac{C_{soil} \times SA \times AF_{soil} \times ABS \times EF \times ED}{BW \times AT} \times CF \times SFO \times GIABS \tag{6.3}$$

式中，SA 为接触土壤的皮肤面积（cm^2/d）；AF_{soil} 为皮肤土壤附着系数（mg/cm^2）；ABS 为表皮吸附系数；GIABS 为肠胃吸收系数。

经呼吸吸入摄入污染土壤多环芳烃的长期致癌风险评估值：

$$ILCR_{inhale} = \frac{C_{soil} \times EF \times ET \times ED}{PET \times AT^*} \times IUR \qquad (6.4)$$

式中，ET 为暴露时间（d/a）；AT^* 为平均时间（h）；PET 为粒子发射系数（1.36×$10^9 m^3$/kg）；IUR 为呼吸吸入斜率因子（mg/（kg·d））。

其中，参照 EPA 人体健康风险评价，人体致癌风险评估参数见表 6-2。

表 6-2 人体致癌风险评估参数

暴露条件	成人
土壤摄入量，IngR（mg/d）	100
接触土壤的皮肤面积，SA（cm²）	3 300
皮肤土壤附着系数，AF_{soil}（mg/cm²）	0.2
暴露频率，EF（d/a）	313
暴露时间，ED（a）	25
暴露时间，ET（h/d）	8
平均体重，BW（kg）	60
平均时间，AT（d），（70a×365d/a）	25 550
平均时间，AT*（h），（70a×365d/a×24h/d）	613 200

其中，根据 EPA 关于 Bap 区域筛选值计算参数的确定，取各暴露计算公式斜率因子为 SFO=7.3 [mg/（kg·a）]，SFO×GIABS=1.10×10^{-6}（mg/m³），IUR=7.3 [mg/（kg·d）]，ABS=0.13。

6.3.2 土壤多环芳烃不同暴露方式摄入的比例

土壤污染物形成生物毒害的程度，不仅仅与生物暴露量有关，还与不同暴露方式有关。根据研究，人体暴露于土壤多环芳烃污染的主要方式为口腔摄入、皮肤接触和呼吸吸入（彭驰，2009）。石油污染土壤对人体的长期致癌风险，与所有暴露方式进入人体的石油污染物的量有关。因此，通过计算不同暴露方式下进入人体的石油污染物量，以获得石油污染对人体的总致癌风险。以土壤中多环芳烃量为表征物，测定其在不同暴露方式下的长期致癌风险评估值，得到土壤石油污染的长期致癌风险评估。

土壤多环芳烃长期致癌风险评估模型，采用评估值（ILCRs）表征长期致癌风险的大小。长期致癌风险评估值是口腔摄入（$ILCR_{ingest}$）、皮肤接触（$ILCR_{dermal}$）和呼吸吸入（$ILCR_{inhale}$）三种暴露方式的长期致癌风险评估值之和。其计算公式见式（6.1）～式（6.4）。

根据对我国各地区多环芳烃长期致癌风险评价的研究，呼吸吸入暴露方式的长期致癌风险评估值低于长期致癌风险评总估值的 $1/10^6$，因此忽略呼吸吸入暴露方式对土壤污染物长期致癌风险的贡献，只考虑口腔摄入和皮肤接触导致的长期致癌风险效应。

$$ILCRs=ILCR_{ingest}+ILCR_{dermal} \qquad (6.5)$$

由于不同暴露途径下口腔摄入或皮肤接触的污染物的量并不相同，其引起的长期致癌风险大小也有所差异。因此，统计我国石油污染物地区，人体皮肤接触和口腔摄入土壤量的比例（表6-3）。

表6-3 土壤多环芳烃不同暴露方式下的暴露量比例

地区	皮肤接触和口腔摄入的比例（%）	来源
辽宁地区	2.5	王震，2007
东江流域	2	郑太辉，2014
辽河口湿地	1.37	王楠楠，2012
北京市	0.73	彭驰，2004
大庆油田	0.714	胡艳，2013
大港油田	1.09	焦海华，2013
中国西北地区	1.92	Jiang et al.，2014
香港	0.86	Man et al.，2013
成都市	2.5	Liu et al.，2015

6.3.3 土壤多环芳烃长期致癌风险评估值

由我国土壤多环芳烃通过口腔摄入与皮肤接触进入人体的比例1：2，根据土壤多环芳烃长期致癌风险评估值（ILCRs）与土壤中多环芳烃浓度（C_{soil}）的计算公式 [式（6.2）、式（6.3）和式（6.5）]，利用加权平均法，推算一定致癌风险评估值对应的土壤多环芳烃的暴露浓度。

$$C_{\text{soil}} = \frac{1}{3}C_{\text{soil(ingest)}} + \frac{2}{3}C_{\text{soil(dermal)}}$$

$$C_{\text{soil(ingest)}} = \frac{\text{ILCR} \times \text{BW} \times \text{AT}}{\text{lngR} \times \text{EF} \times \text{ED} \times \text{CF} \times \text{SFO}} \tag{6.6}$$

$$C_{\text{soil(dermal)}} = \frac{\text{ILCR} \times \text{BW} \times \text{AT}}{\text{SA} \times \text{AF}_{\text{soil}} \times \text{ABS} \times \text{EF} \times \text{ED} \times \text{CF} \times \text{SFO} \times \text{GIABS}}$$

根据式（6.6）～式（6.8），计算长期致癌风险评估值为 10^{-6}、10^{-4}、10^{-3}、10^{-1} 时，对应的土壤中多环芳烃的暴露浓度（表 6-4）。

表 6-4　土壤多环芳烃暴露值与长期致癌风险评估值

风险评估值	空腔摄入 [mg/（kg·d）]	皮肤接触 [mg/（kg·d）]	暴露总和 [mg/（kg·d）]
10^{-6}	0.1	0.2	0.3
10^{-4}	8.9	20.9	29.8
10^{-3}	89.5	208.5	298.0
10^{-1}	8 945.7	20 852.4	29 798.1

由获得的土壤多环芳烃暴露值与其长期致癌风险评估值的关系（表 6-4），根据 EPA 对土壤多环芳烃长期致癌风险大小与风险评估值的对应关系，得到长期致癌不同风险值对应的土壤中多环芳烃暴露量范围（表 6-5）。

表 6-5　土壤多环芳烃长期致癌风险等级

长期致癌风险	风险评估值	土壤多环芳烃暴露量 [mg/（kg·d）]
很低	$\leqslant 10^{-6}$	$\leqslant 0.3$
低	$10^{-6} \sim 10^{-4}$	$0.3 \sim 29.8$
中等	$10^{-4} \sim 10^{-3}$	$29.8 \sim 298.0$
高	$10^{-3} \sim 10^{-1}$	$298.0 \sim 29\ 798.1$
很高	$\geqslant 10^{-1}$	$\geqslant 29\ 798.1$

土壤多环芳烃长期致癌风险等级为很低、低、中等、高和很高时，相应的土壤环境的多环芳烃浓度为≤0.3mg/（kg·a）、0.3～29.8mg/（kg·a）、29.8～298.0mg/（kg·a）、298.0～29 798.1mg/（kg·a）、≥29 798.1mg/（kg·a）。

6.3.4 土壤总石油烃长期致癌风险

根据前期中国采油区土壤石油污染特征调查，在大庆油田、胜利油田、克拉玛依油田、华北油田和江汉油田实测的 41 个采油区土壤样点中，PAHs 占 TPH 的比例为 13%～22%，平均值为 18%（表 6-6）。

表 6-6　不同油田石油污染土壤 PAHs 占 TPH 的比例　　　　单位：%

大庆油田	胜利油田	克拉玛依油田	华北油田	平均值
22	20	17	13	18

基于费氏弧菌发光强度与石油污染物的浓度响应关系［式（5.1）］，根据我国主要油田石油污染土壤中 PAHs 占 TPH 的平均比例，由土壤长期致癌风险与 PAHs 暴露量的关系，获得土壤在含有不同浓度的 TPH 时，对人类健康造成的长期致癌风险的评价等级（表 6-7）。

石油污染土壤长期致癌风险等级为很低、低、中等、高和很高时，相应的土壤环境 TPH 浓度为≤1.7mg/kg、1.7～165.6mg/kg、165.6～1655.6mg/kg、1655.6～165 545mg/kg、≥165 545mg/kg。对于石油污染土壤，其长期致癌风险由低到高所对应的费氏弧菌发光响应依次为≥98.9%、79.2%～98.9%、69.3%～79.2%、49.5%～69.3%和≤49.5%。

表 6-7　基于费氏弧菌发光强度的土壤 TPH 长期致癌风险

长期致癌风险	TPH（mg/kg）	费氏弧菌相对发光率（%）
很低	≤1.7	≥98.9
低	1.7～165.6	79.2～98.9
中等	165.6～1 655.6	69.3～79.2
高	1 655.6～16 5545	49.5～69.3
很高	≥165 545	≤49.5

长期致癌风险是对土壤污染物长期暴露下生态风险的评估。由石油污染物 Ames 致突变风险评价，当费氏弧菌在污染土壤作用下相对发光率高于 62%时，该土壤不具有急性致突变效应。但根据土壤石油污染物长期致癌风险评估标准，当费氏弧菌的相对发光率在 62%～79.2%时，检测的污染土壤具有高、中等长期

致癌风险等级，说明该污染土壤环境仍具有较高的生态毒性。因此，根据长期致癌风险评估标准，当费氏弧菌在石油污染物作用下相对发光率大于 79.2%时，该污染土壤具有低长期致癌风险。

6.4 土壤石油污染潜在生态风险

6.4.1 潜在生态风险指数法

Hakanson（1980）提出潜在生态风险指数法基于以下四个条件，①潜在生态风险指数（risk index，RI）随表层污染程度的加重而增大；②受多种污染物污染的土壤 RI 值应高于只受少数几种污染物污染的土壤 RI 值；③毒性条件根据"丰度原则"来区分各种污染物，毒性高的污染物应比毒性低的污染物对 RI 值贡献大；④对污染物敏感性高的土壤应比敏感性低的土壤有较高的 RI 值。

潜在生态风险指数计算方法如下（徐争启等，2008）。

单个污染元素的污染系数（C_r^i）：

$$C_r^i = \frac{C_{实测}^i}{C_n^i} \tag{6.7}$$

式中，C_r^i 为某一种污染物的污染系数；$C_{实测}^i$ 为表层沉积物或土壤中该污染元素的实测含量；C_n^i 为该元素的评价标准。

某样点的土壤或沉积物污染物污染度（C_d）是多种污染物的污染系数之和。

$$C_d = \sum C_r^i \tag{6.8}$$

各重污染物的毒性响应系数（T_r^i），反映污染物的毒性强度及水体对该污染物的敏感程度，以及该污染物从生物有效性低的固相释放到生物有效性高的水相环境中的能力。通过计算可以得出该种污染物的潜在生态风险系数（E_r^i）。

$$E_r^i = T_r^i \times C_r^i \tag{6.9}$$

某一点沉积物多种污染物综合潜在生态风险指数：

$$RI = \sum_{i=1}^{n} E_r^i \tag{6.10}$$

由式（6.7）~式（6.10）可以推出潜在生态风险指数（RI值）：

$$\text{RI}=\sum_{i=1}^{n}T_r^i C_r^i =\sum_{i=1}^{n}T_r^i \frac{C_{实测}^i}{C_n^i} \tag{6.11}$$

Hakanson（1980）利用潜在生态危害系数描述某一污染物（元素）的污染程度，从低到高分为轻微、中等、强、很强、极强5个等级；而潜在生态风险指数是描述某一点多个污染物潜在生态风险系数的综合值，分为轻微、中等、强、很强4个等级（表6-8）。

表6-8　潜在生态危害系数（E）、潜在生态危害指数（RI）与污染程度关系

E_r^i	RI	污染程度
$E_r^i < 40$	RI<150	轻微生态危害
$40 \leqslant E_r^i < 80$	$150 \leqslant RI < 300$	中等生态危害
$80 \leqslant E_r^i < 160$	$300 \leqslant RI < 600$	强生态危害
$160 \leqslant E_r^i < 320$	$RI \geqslant 600$	很强生态危害
$E_r^i \geqslant 320$		极强生态危害

基于Hakanson（1980）潜在生态风险指数法应用的假设，土壤中的石油污染物具有毒性累积效应，可以把土壤中的石油污染物视为单一的污染元素，利用潜在生态风险指数法评估土壤石油污染的潜在生态危害程度。在此基础上建立石油污染土壤的潜在生态毒性评估指标。

根据《石油炼制工业污染物排放标准》（GB 31570—2015），综合考虑土壤中石油污染物总含量，生物毒性响应以及其生物可利用性对生态风险的响应，采用环境中总石油烃含量作为石油污染的潜在生态风险指数评价指标。根据潜在生态风险指数计算公式，土壤中石油污染指数（E）为石油污染物毒性系数（T）与其污染指数（C_f）的乘积。其中，毒性系数为污染物毒性释放系数（T_b）与毒性响应因子（T_e）的乘积。

$$E=T \times C_f \tag{6.12}$$

$$T=T_b \times T_e \tag{6.13}$$

6.4.2　土壤石油污染指数

土壤中石油污染物浓度以总石油烃作为石油环境污染的表征，为污染指数

（C_f）。其表征为土壤中总石油烃浓度实测值（C）与参照值（C_0）的商，C 和 C_0 的单位均为 mg/kg。

$$C_f = \frac{C}{C_0} \tag{6.14}$$

污染指数表示相对于参照值污染土壤总石油烃含量的富集程度，随着污染土壤中总石油烃含量的增加而增高。参考值在生态危害评价的计算中十分重要，采用不同的参考值会极大地影响生态风险评价的结果（Chapman et al.，1999）。研究通常采用工业化前的污染物含量背景值作为参考值，来计算生态危害指数（陈静生，1992）。本研究选取《土壤环境质量标准》（GB 15618—1995）中土壤环境质量第一级标准值（环境背景值）100mg/kg 的总石油烃含量为参考值，尽量避免由于参考值的差异而降低评估模型的准确性。

得出污染指数与土壤中实测 TPH 浓度的关系式：

$$C_f = \frac{C}{100\text{mg/kg}} \tag{6.15}$$

6.4.3　毒性响应因子

毒性响应因子即污染物因子丰度数，反映污染因子生态毒害程度的大小。不同污染物元素具有不同的毒性响应因子，且生态风险系数随毒性响应因子的增大而增大。通过列出火成岩、土壤、水体、陆生动物、陆生植物中的各个污染物元素的含量，将其归一化计算得出。归一化的方法是：在同一介质中将含量最高的元素的含量分别除以各元素的含量值，去除最大值后累加，再对累加结果开方，去除小数。

由于石油主要生成于沉积岩中（程卫华和郏文，2005），所以本研究在计算丰度时不考虑火成岩中 TPH 的环境物质丰度。根据《土壤环境质量标准》（GB 15618—1995），取 TPH 土壤环境背景值 100mg/kg；根据《地表水环境质量标准》（GB 3838—2002）限值，取Ⅳ类水质标准中石油类物质的限值 0.5mg/L 作为水体中 TPH 的含量。由于陆生植物体内 TPH 含量资料的缺乏，采用水生动物体内多环芳烃含量替代，根据王召会等（2014）对大连斑海豹国家级自然保护区鱼类、甲壳类、软体类动物体内多环芳烃状况的研究，动物体内的多环芳烃浓度取平均值 20.25mg/kg。根据于凤等（1996）年关于石油对农作物影响的研究，取大庆地区主要作物玉米的总石油烃平均值为 26.92mg/kg，作为陆生植物中石油污染物的含量背景。

由于本研究把石油污染因子考虑为单个污染因子，因此直接使用不同物质中污染因子的平均含量，即丰度数，用作相对丰度数，不需对数据进行归一化处理。累积丰度数为土壤、水体、陆生植物和动物四项中，去除最大值的三项之和。累积丰度数开方后取整即为毒性响应因子 $T_e=7$（表 6-9）。

表 6-9 不同物质中石油污染因子的丰度数

土壤（mg/kg）	水体（mg/kg）	陆生植物（mg/kg）	动物（mg/kg）	累积丰度数	毒性响应因子
100	0.5	26.92	20.5	47.92	7

6.4.4 毒性释放系数

Hakanson（1980）指出，污染因子的丰度数与该因子系数有关，并不简单的等于毒性系数，需要考虑污染因子的"释放效应"，来表示该因子在土壤中沉积的趋势（徐争启等，2008）。考虑土壤环境中的石油污染生物风险主要通过被动植物、人体吸收（环境生物可利用性）才能对生物构成风险，利用毒性释放系数来反映污染物释放到具有生物有效性环境的能力。参考 Hakanson（1980）制定的标准化污染物毒性系数计算方法，计算总石油烃的毒性响应系数。

$$T_b = \frac{C_w}{C_0} \qquad (6.16)$$

式中，C_w 是根据《地表水环境质量标准》（GB 3838—2002）限值。由于本研究标准旨在检测石油污染土壤中的毒性情况，因此取Ⅳ类适用于一般工业用水区及人体非直接接触的娱乐用水区水质标准中石油类物质的限值 0.5mg/L 作为水体中总石油烃含量的背景值。根据 6.4.1 节取 $C_0=100$mg/kg。计算得出石油污染的毒性释放系数 $T_b=5×10^{-3}$。

6.4.5 土壤石油污染潜在生态风险评价模型

根据潜在生态风险指数计算公式 [式（6.12）、式（6.13）]，石油污染物浓度与污染指数关系 [式（6.15）]，以及确立的毒性响应因子 $T_e=7$ 和毒性释放系数 $T_b=5×10^{-3}$，得出土壤石油污染的潜在生态风险指数计算公式：

$$E=3.5×10^{-2}×C \qquad (6.17)$$

式中，C 为土壤中总石油烃浓度实测值（mg/kg）；E 为该样点土壤中石油污染物的潜在生态指数。

结合基于费氏弧菌发光强度与石油污染物的浓度响应关系［式（5.1）］，根据潜在生态污染级别与土壤总石油烃的浓度含量的关系式［式（6.17）］，参照潜在生态危害指数与污染程度的关系表（表 6-10），构建中国石油污染土壤的潜在生态风险评价指标，列入表 6-10。

表 6-10　基于费氏弧菌发光强度的土壤石油污染物潜在生态风险标准

潜在生态污染程度	潜在生态危害指数（E）	土壤中石油含量（mg/kg）	费氏弧菌相对发光率（%）
轻微	≤40	≤1142.8	≥72.3
中等	40～80	1142.8～2285.7	69.3～72.3
强	80～160	2285.7～4571.4	66.3～69.3
很强	160～320	4571.4～9142.8	63.4～66.3
极强	≥320	≥9142.8	≤63.4

当石油污染土壤分别具有轻微、中等、强、很强、极强的生态危害程度时，对应的土壤中石油含量为 ≤1142.8mg/kg、1142.8～2285.7mg/kg、2285.7～4571.4mg/kg、4571.4～9142.8mg/kg、≥9142.8mg/kg。

潜在生态风险评估标准基于石油污染物长期的累积效应，通过建立石油污染土壤生态毒性及其生物有效性的关系，评估污染土壤对生态环境的潜在危害程度。根据该毒性评估标准，费氏弧菌与石油污染土壤萃取液混合，相对发光率小于69.3%时，该污染土壤达到强-极强的潜在生态危害程度。当费氏弧菌与石油污染土壤萃取液混合，相对发光率发光率大于 69.3%时，石油污染土壤处于中等、轻微的潜在生态污染程度，可以认为该土壤的生态毒性较低。

6.5　中国石油污染土壤生态毒性评估标准及其环境意义

6.5.1　中国石油污染土壤生态毒性评估标准

通过 6.2～6.4 节研究过程，通过 TPH-光强响应模型，获得土壤石油污染物以污染物浓度（TPH）表征的短期致突变性、长期致癌和潜在生态毒性风险水平

（6.2～6.4 节），得到石油污染土壤污染水平与其生态毒性程度的关系。根据该三个评价标准在评估中国石油污染土壤生态毒性的不同作用，基于费氏弧菌对石油污染土壤污染物的发光光强响应，构建出中国石油污染土壤生态毒性评估标准，将石油污染物土壤的生态毒性划分为剧毒、高毒、低毒、微毒和无毒 5 个等级，具有不同的生态毒性效应（表 6-11）。

表 6-11　石油污染土壤生态毒性标准　　　　　　单位：%

相对发光率	生态毒性等级	毒性效应
55<	剧毒	致畸、致癌和致突变效应
55～65	高毒	致突变效应和高致癌、致畸风险
65～75	低毒	中等长期致癌风险
75～90	微毒	低长期致癌风险
>90	无毒	无

在基于费氏弧菌与石油污染物浓度响应关系（图 5-12），以及土壤石油污染浓度的生态毒性评价标准（表 6-11），构建中国石油污染土壤生态毒性评估标准中，剧毒、高毒、低毒、微毒和无毒 5 个生态毒性等级的石油污染土壤具有不同的生态毒性效应以及环境意义。

6.5.2　石油污染土壤生态毒性评估标准的环境意义

（1）高毒石油污染土壤的生态毒性特征

当土壤的石油污染萃取液与费氏弧菌混合后，相对发光率为 55%～60%时，土壤石油污染的生态毒性评定为高毒。

高毒等级的石油污染土壤，对人体具致突变作用，且具有高致畸、致癌风险。基于石油污染毒理研究成果，如果怀孕妇女长期暴露于该污染环境下，影响胎儿的神经发育，造成新生婴儿体重明显降低，严重的可能导致婴儿畸形（周胜等，2016）。长期暴露在高毒石油污染土壤中，其中有毒成分，如 PAHs 直接接触人体细胞，可以造成 DNA 损伤，直接引起机体的癌变和细胞基因突变。

同时，该等级的污染土壤，石油与土粒粘连影响土壤通透性，从而降低土壤质量。油与无机氮、磷结合并限制硝化作用和脱磷酸作用，从而使土壤有效磷、氮的含量减少，影响土壤肥力。石油吸附在植物根表面形成黏膜，阻碍根系呼吸与吸收，引起根系腐烂从而影响作物的根系生长，而不易被土壤吸附的石油污染物成分，能随地表降水渗透到地下水，污染浅层地下水环境进而影响饮用水水质，最终影响人体健康（朱林海等，2012）。

石油中许多有机污染成分，如多环芳烃、环烷酸类物质等，能通过食物链在动植物体内富集和放大，间接危及人体健康。

（2）低毒石油污染土壤的生态毒性效应

当土壤的石油污染萃取液与费氏弧菌混合后，相对发光率为 65%～75%时，土壤石油污染的生态毒性评定为低毒。

低毒等级的石油污染土壤，无急性三致作用，具有 10^{-4}～10^{-3} 的中等长期致癌风险。该等级的石油污染土壤，能在土壤的迁移、转化和降解过程中，通过呼吸道、皮肤、消化道进入人体，对人体健康造成威胁。长期接触该风险等级的污染土壤，具有诱发肺癌、皮肤癌、白血病、膀胱癌、鼻咽癌和胃癌等的风险。长期处于该土壤环境下，可引起多种慢性中毒症状，影响肺、肠胃、肾、中枢神经系统以及造血系统等（万邦和，1986；张学佳等，2008）。

（3）微毒石油污染土壤的生态毒性效应

当土壤的石油污染萃取液与费氏弧菌混合后，相对发光率为 75%～90%时，土壤石油污染的生态毒性评定为微毒。

微毒等级的石油污染土壤，具有 10^{-6}～10^{-4} 的低长期致癌风险。直接接触该类土壤，除了少量敏感者可能出现炎症状态，多数人并没有直接影响。

EPA 在开展致癌风险评价初期，以 10^{-6} 作为可以接受的风险值，认为低于该风险评估值时风险不明显，可以忽略。近年根据具体情况，考虑一定社会、经济、技术、自然等多方面因素，逐渐以 10^{-6}～10^{-4} 作为长期致癌风险评价的可接受范围。因此，微毒石油污染土壤，可以作为采油区生态修复的安全标准等级。

（4）剧毒和无毒石油污染土壤的生态毒性效应

当土壤的石油污染萃取液与费氏弧菌混合后，相对发光率小于 55%时，土壤石油污染的生态毒性评为剧毒。该评定等级的石油污染土壤，对人体具有致畸、致癌和致突变作用。长期暴露在剧毒石油污染土壤中，具有大于 10^{-3} 的致癌风险；短期暴露会引起恶心、头痛、眩晕等症状。人体需避免与剧毒石油污染土壤接触，并要求有关风险部门采取应急措施降低石油污染土壤毒性。

当土壤的石油污染萃取液与费氏弧菌混合后，相对发光率大于 90%时，土壤石油污染的生态毒性评为无毒。长期暴露在该评定等级的土壤中，生物未受到不良影响。该评定等级土壤可以直接用于工业类型再开发利用。

6.5.3 石油污染土壤生态毒性评估标准毒性表征科学性分析

基于费氏弧菌光强测定的石油污染土壤生物毒性快速检测技术方法，以发光细菌对石油污染物的发光强度响应作为指标，构建的石油污染土壤生态毒性评估标准将石油污染土壤划分为剧毒、高毒、低毒、微毒和无毒五个等级（表 6-11）。根据研究获得的费氏弧菌发光强度与土壤石油污染物萃取浓度的响应关系式 [式 (5.1)]，剧毒、高毒、低毒、微毒、无毒这五个石油污染土壤生态毒性等级对应的石油污染物浓度范围分别为大于 64 030mg/kg、6230.3～64 030mg/kg、606.23～64 030mg/kg、18.4～606.23mg/kg、小于 18.4mg/kg。

当土壤石油污染生态毒性等级为剧毒时，根据美国石油协会的石油烃标准化工作组（Total Petroleum Hydrocrabon Criteria Working Group，TPHCWG）获得的石油烃各馏分的风险评价及其阈值毒性，生物应尽可能远离该土壤，避免吸入污染土壤扬尘。

当土壤石油污染生态毒性等级为高毒时，蚯蚓在石油污染物浓度达到8000mg/kg 时有明显的回避反应，回避率达到 80%。在 29 400mg/kg、32 000mg/kg 时分别达到蚯蚓 14d、7d 半致死剂量（黄盼盼和周启星，2012）。说明该毒性等级的土壤具有较强致癌、致畸、致突变风险。应远离该类别土壤，避免误食以及皮肤的直接接触（TPHCWG，1997）。

当土壤石油污染生态毒性等级为微毒、无毒时，蚯蚓在 48h 回避反应实验中未出现任何症状。根据北京市质量技术监督局颁布的《场地土壤环境风险评价筛选值》（DB11/T 811—2011），该污染程度土壤中的总石油烃浓度低于其工业用地筛选值（C<16：620mg/kg；C>16：10000mg/kg），该土壤可以直接用于工业类型用地再开发利用。

可见本研究得出的评估标准毒性表征与现有土壤石油污染毒性评估研究结果基本相符。所构建标准科学、准确地评估了各毒性等级石油污染土壤的环境生态效应。为加强我国土壤石油污染物的控制，提高石油污染土壤的管理水平，提供可靠依据。

6.6 中国主要采油区石油污染土壤生态毒性评估

将本研究获得的以费氏弧菌发光强度为指标的石油污染土壤快速检测技术，

以及以此为基础构建的石油污染土壤生态毒性评估标准，用于我国主要采油的土壤毒性评估。该工作主要在中国五大油田：胜利油田、华北油田、大庆油田、克拉玛依油田和江汉油田进行。

研究在该五大油田采集的石油污染土壤表层土土样共 41 个。使用 1%鼠李糖脂及 2%NaCl 溶液萃取其石油污染物，采用基于费氏弧菌发光光强响应的石油污染土壤生态毒性快速检测方法，测定了与污染物萃取液反应 15min，费氏弧菌的相对发光率。根据我国石油污染土壤生态毒性评估标准，利用测得的相对发光率，对各油田的土壤生态毒性进行评估，结果如图 6-2 所示。

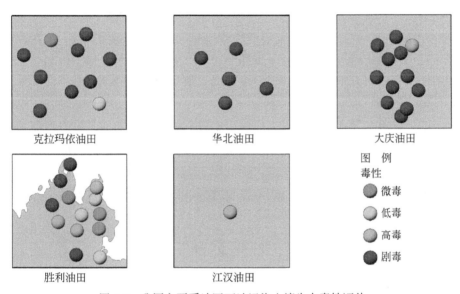

图 6-2 我国主要采油区石油污染土壤生态毒性评估

胜利油田、华北油田、大庆油田、克拉玛依油田以及江汉油田五个采油区中，胜利油田和江汉油田样点的平均石油污染土壤生态毒性等级为高毒，其余三个油田样点的平均石油污染土壤生态毒性等级均为剧毒。采油区生态毒性等级依次为：克拉玛依油田>大庆油田>华北油田>江汉油田>胜利油田。

目前，只有少量研究者对几个油区的石油生态毒性进行过评价及比较。在胜利油田的原油导致的真鲷 *Pagrasomus major*、牙鲆 *Paralichthys olivaceus*、黑鲷 *Sparus maerocephalus* 仔鱼胚胎畸化率的研究中，发现不同生物出现畸形的最低浓度分别为 10mg/L、18mg/L、32mg/L；对牙鲆仔鱼及鰕虎鱼稚鱼的 96h 半致死浓度（LC_{50}）分别为 1.6mg/L 及 66.6mg/L；对蚯蚓 4d 和 7d 的半致死剂量（LD_{50}）

分别为 14 500mg/kg 和 13 700mg/kg（陈民山和范贵旗，1991；孙青和唐景春，2009；黄盼盼和周启星，2012）。在本书的研究中，胜利油田土壤生态毒性多处于微毒状态，所有采样点土壤均对三种仔鱼胚胎具有致畸效应；大部分样点对牙鲆仔鱼及鰕虎鱼稚鱼有 96h 半致死效应；少量样点对蚯蚓有 7d 半致死效应。

在大庆油田原油诱发小鼠皮肤癌的研究中，用 50μL 大庆原油涂抹小白鼠颈部皮肤，连续涂抹九个月、一年、一年半的死亡率分别为 32.8%、37.5%、71.9%，皮肤癌发生率为 18.75%（邱静宜和童乐文，1991）。大庆油田原油的蒙古裸腹溞（*Moina mongolica* Daday）24h 和 48h 的半致死浓度（LC_{50}）分别为 14.69mg/L、9.89mg/L；以中华哲水蚤 *Calanus sinicus* 为实验生物，其 48h 半致死剂量（LC_{50}）为 19.8mg/L（徐汉光等，1983；路鸿燕和何志辉，2000）。本研究中，大庆油田土壤生态毒性处于剧毒等级，具有很高诱发癌症的风险，与小白鼠诱发皮肤癌研究的结果相符。研究中，大庆油田石油污染土壤对蒙古裸腹溞和中华哲水蚤均有 48h 半致死效应。

通过小鼠急性吸入试验比较大庆油田、胜利油田的原油油气生态毒性大小，其原油油气的半致死剂量（LC_{50}）分别为 49.55g/m^3、77.54g/m^3。大庆油田原油油气半致死浓度比胜利油田低，表明大庆油田生态毒性比胜利油田大。本研究标准评估结果显示，大庆油田土壤生态毒性较胜利油田高，与早期研究结果相符（黄春霞和褚家成，1997）。

参 考 文 献

陈静生.1992.中国水环境重金属研究［M］.北京：中国环境科学出版社.

陈民山，范贵旗.1991.胜利原油对海洋鱼类胚胎及仔鱼的毒性效应［J］.海洋环境科学，02：1-5.

程卫华，邸文.2005.沉积岩的形成与石油的成生关系［J］.中山大学研究生学刊：自然科学、医学版，（4）：74-82.

国家环境保护总局，国家技术监督局.2006.GB15618—1995，土壤环境质量标准［S］.北京：中国标准出版社.

胡艳.2013.石油开采区多环芳烃多介质环境行为及其生态风险研究［D］.华北电力大学博士学位论文.

环境保护部，国家质量监督检验检疫总局.2015.GB 31570—2015，我国石油炼制工业污染物排放标准［S］.北京：中国环境科学出版社.

黄春霞，褚家成.1997.原油油气毒性实验研究［J］.交通医学，（2）：255.

黄盼盼，周启星. 2012. 石油污染土壤对蚯蚓的致死效应及回避行为的影响[J]. 生态毒理学报，07（3）：312-316.

贾建丽，刘莹，李广贺，等. 2009. 油田区土壤石油污染特性及理化性质关系[J]. 化工学报，60（3）：726-732.

焦海华. 2013. 大港油田污染土壤的植物修复及其根际微生物群落研究[D]. 中国矿业大学博士学位论文.

匡少平，孙东亚. 2007. 多环芳烃的毒理学特征与生物标记物研究[J]. 世界科技研究与发展，29（2）：41-47.

刘波，金建玲，张辉，等. 2007. Ames测试不确定性分析[J]. 应用与环境生物学报，13（5）：726-730.

刘莹，李广贺，张旭. 2009. 油田区土壤石油污染特性及理化性质关系[J]. 化工学报，60（3）：726-732.

路鸿燕，何志辉. 2000. 大庆原油及成品油对蒙古裸腹溞的毒性[J]. 何连海洋大学学报，15（3）：169-174.

彭驰. 2009. 北京市土壤多环芳烃分布特征与风险评价[D]. 湖南农业大学硕士学位论文.

邱静宜，童乐文. 1991. 大庆原油及脱蜡油诱发小鼠皮肤癌的实验研究[J]. 中华劳动卫生职业病杂志，03：56-58.

孙青，唐景春. 2009. 胜利油田污染土壤的生态毒性评价[C]// 春国农业环境科学学术研讨会.

万邦和. 1986. 海洋石油污染及其危害[J]. 海洋环境科学，03：52-63.

王楠楠. 2012. 辽河口湿地土壤PAHs及PCBs的健康风险与生态风险研究[D]. 中国海洋大学硕士学位论文.

王召会，田甲申，王摆，等. 2014. 大连斑海豹国家级自然保护区动物体内石油烃污染状况[J]. 水产科学，33（4）：245-248.

王震. 2007. 辽宁地区土壤中多环芳烃的污染特征、来源及致癌风险[D]. 大连理工大学博士学位论文.

徐汉光，杨波，王真良，等. 1983. 原油和成品油对浮游桡足类中华哲水蚤（*Calanus sinicus*）存活的影响[J]. 海洋环境科学，（2）：59-63.

徐争启，倪师军，庹先国，等. 2008. 潜在生态危害指数法评价中重金属毒性系数计算[J]. 环境科学与技术，31（2）：112-115.

于凤，李钟玮，樊萍. 1996. 石油对农作物影响的研究[J]. 油气田环境保护，（1）：44-49.

张学佳，纪巍，康志军，等. 2008. 石油类污染物对土壤生态环境的危害[J]. 化工科技，16（6）：60-65.

郑太辉，冉勇，陈来国. 2014. 东江流域农村土壤中多环芳烃的分布特征及其健康风险评估 [J]. 生态环境学报，23（4）：657-661.

周胜，周艳风，刘想想，等. 2016. 母源性苯暴露对儿童急性淋巴细胞白血病影响的 Meta 分析 [J]. 露共卫生与预防医学，27（1）：24-28.

朱林海，丁金枝，王健健，等. 2012. 石油污染土壤–植物系统的生态效应 [J]. 应用与环境生物学报，18（2）：320-330.

Chapman，P M. ：Wang，F Y：Adams W. 1999. Appropriate applications of sediment quality values for metals and metalloids [J]. Environmental Science and Technology，33（22）：37-41.

Giesy J P，Anderson J C，Wiseman S B. 2010. Alberta oil sands development [J]. Proceedings of the National Academy of Sciences，107（3）：951-952.

Hakanson L. 1980. An ecological risk index for aquatic pollutioncontrol：ASedimentological approach [J]. Water Research，14（8）：975-1004..

Jiang Y，Hu X，Yves U J，et al. 2014. Status，source and health risk assessment of polycyclic aromatic hydrocarbons in street dust of an industrial city，NW China [J]. Ecotoxicology and Environmental Safety，106：11-18.

Kannel P R，Gan T Y. 2012. Naphthenic acids degradation and toxicity mitigation in tailings wastewater systems and aquatic environments：a review [J]. Journal of Environmental Science and Health，Part A，47（1）：1-21.

Liu G R，Peng X，Wang R K，et al. 2015. A new receptor model-incremental lifetime cancer risk method to quantify the carcinogenic risks associated with sources of particle-bound polycyclic aromatic hydrocarbons from Chengdu in China [J]. Journal of Hazardous Materials，283：462-468.

Man Y B，Kang Y，Wang H S，et al. 2013. Cancer risk assessments of Hong Kong soils contaminated by polycyclic aromatic hydrocarbons [J]. Journal of Hazardous Materials，261：770-776.